STATISTIQUE

DU

MOUVEMENT DE LA POPULATION

EN ESPAGNE

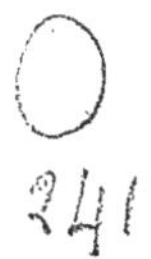

STATISTIQUE

DU

MOUVEMENT DE LA POPULATION

EN ESPAGNE

De 1865 à 1869

SUIVIE D'UNE ÉTUDE SUR

LA NATALITÉ ET LA MORTALITÉ

Dans chacune des 49 provinces du Royaume

PAR

Le Dr Arthur CHERVIN

Directeur de l'Institution des Bègues de Paris,
Socio corresponsal de la Sociedad economica Matritense de amigos del pais,
Membre de la Société de Statistique de Paris.

> Plus du quart des enfants meurent
> avant d'avoir atteint leur sixième année;
> à dix ans, près de la moitié a disparu!

PARIS
LIBRAIRIE J.-B. BAILLIÈRE ET FILS
19, rue Hautefeuille, près du boulevard Saint-Germain.
1877

ERRATA

Page 8, ligne 10, *au lieu de* a été opéré, *lisez* avait été opéré.
Page 23, proportion des décès annuels du sexe masculin de 16 à 20 ans, *au lieu de* 8.03, *lisez* 8.63.
Page 27, *au lieu de* Bassin du Guadiana, *lisez* Bassin du Tage et du Guadiana.
Page 34, 1re colonne, Lugo, *au lieu de* 330, *lisez* 30.3.
Page 46, 1re colonne, Oviedo, *au lieu de* 2.00, *lisez* 20.0.
Page 48, Pontevedra, sexe masculin, *au lieu de* 107.5, *lisez* 173.7.
Page 49, ligne 4, *supprimer* Pontevedra.

INTRODUCTION

Dans le vaste domaine de la science où l'intelligence humaine se complaît à la recherche de la vérité, quel plus noble but pourrait-on se proposer que celui de l'étude des lois qui régissent la vie et la mort? Tel est l'objet de la statistique du mouvement de la population.

Ce n'est point en effet une compilation de chiffres arrangés à plaisir, où l'erreur et la passion peuvent venir puiser tour à tour les arguments les plus contraires. Non, la statistique est une science, car ce qui constitue une science, c'est la méthode qui dirige ses recherches, ce sont les principes et les doctrines qui relient dans un ordre logique les connaissances acquises, et on sait que rien de cela ne lui fait défaut.

Que dire de l'utilité que présente une semblable étude! Un des pères de la statistique en France, et assurément un de ses enfants les plus illustres, Moheau, écrivait il y a cent ans déjà : « Les rois et leurs ministres ne sont pas les seuls « qui puissent tirer profit d'un tableau de la population. « On y trouve l'indication des époques, des saisons, des

« mois, de la durée de la vie humaine selon les âges, le « sexe et les contrées, des causes apparentes de la morta- « lité, de l'influence que peuvent avoir le climat, les ali- « ments, les lois, les mœurs, les professions et les usages « sur l'accélération ou le retard du dernier terme de la « vie, enfin des progrès ou des pertes de la population. De « là, une foule de vérités dont peuvent profiter la physi- « que, la médecine et toutes les sciences qui ont pour « objet la santé, la conservation, la protection ou le secours « à porter à l'humanité. »

Quoi de plus intéressant à étudier, que, le retour périodique, dans des conditions presque identiques de nombre, de durée, d'intensité, de certains phénomènes que l'on supposerait être le résultat des délibérations les plus intimes, les plus indépendantes de la conscience humaine. Le mariage, par exemple, ne semble-t-il pas devoir être rangé parmi les manifestations les plus réfléchies, les plus mûres de la volonté. Chaque année, cependant, à quelques variations près et à moins d'événements graves qui frappent la nation toute entière, le même nombre de jeunes gens épouse le même nombre de jeunes filles ou de veuves, le même nombre de veufs épouse le même nombre de filles ou de veuves, et le même nombre de veuves s'unit à un nombre égal de garçons ou de veufs; chaque année, un nombre déterminé de mariages donne le même nombre de naissances; et ces naissances ont toujours lieu en plus grand nombre dans la même saison et de préférence pendant certains mois, avec une constante prédominance des enfants du sexe masculin sur ceux du sexe féminin ; chaque année voit naître un même nombre d'enfants illégitimes !

Le but de la statistique du mouvement de la population est donc de démontrer l'existence des lois qui régissent l'homme moral, l'homme social, et, si je puis m'exprimer ainsi, l'homme matériel ; de les mettre en lumière et d'étudier, de rechercher par quel moyen et dans quelle limite, on pourrait les améliorer ou en atténuer les effets. Car si je me suis servi du mot de lois pour parler des phénomènes sociaux observés, je n'ai pas voulu dire, que fatalement il devait en être ainsi. Loin de moi une pareille pensée, il n'y a d'inévitable, de fatal, que la mort succédant à la vie. Tous les accidents qui entourent chacun de ces termes dépendent dans une certaine mesure de notre libre arbitre et de notre volonté. Aussi, après avoir constaté les faits, chercherai-je les causes qui ont pu les produire, les événements qui auraient pu les modifier, car les éléments statistiques pris isolément, ne sont pas plus la science de la statistique que les chiffres ne sont les sciences mathématiques, que les figures géométriques ne sont la géométrie.

J'ai donc profité du séjour que j'ai fait récemment en Espagne pour recueillir quelques renseignements statistiques sur le mouvement de la population de ce pays, et voici le résultat de mes calculs pour une période de cinq années, de 1865 à 1869. J'aurais voulu présenter un travail portant sur une époque moins éloignée de nous, mais la publication des documents officiels s'arrête en 1867, et c'est à l'extrême obligeance de M. Robustiano Arnáu, Directeur des Travaux statistiques au ministère de Fomento, que je dois la communication des documents encore inédits relatifs aux années 1868 et 1869. On sait d'ailleurs, que la plus grande partie des calculs de ce genre repose sur le chiffre de la population accusé par un recensement ; or, le dernier recensement officiel effectué en Espagne date de 1860. Il était donc à craindre qu'en basant les calculs sur les mouvements de la population pendant des années trop loin de celle pendant laquelle le recensement a été opéré, les moyennes obtenues s'éloignassent de la vérité. Pour toutes ces raisons donc, j'ai dû borner mon travail à la période indiquée ci-dessus ; mais j'espère montrer tout à l'heure, qu'à cause de l'accroissement annuel très-minime de la population et de circonstances toutes particulières, ce qui était vrai, il y a quelques années, l'est encore aujourd'hui.

Un seul travail reposant sur quelques années d'observation existe en Espagne sur le mouvement de la population, et encore est-il très-incomplet. Il se rapporte aux années écoulées entre 1858 et 1862, et a été publié en 1863 par les soins du Comité général de la statistique. Aussi, malgré les difficultés énormes et les dépenses de toutes sortes qu'une semblable entreprise devait entraîner, je n'ai pas hésité à me mettre à l'œuvre, heureux de pouvoir contribuer ainsi à l'étude de la démographie générale.

TABLE DES MATIÈRES.

I. — Étude générale du mouvement de la population.

Naissances.

Décès.

II. — De la natalité dans chaque province.

III. — De la mortalité dans chaque province.

I.

ÉTUDE GÉNÉRALE

DU

MOUVEMENT DE LA POPULATION EN ESPAGNE

(1865 — 1869)

NAISSANCES.

I. — Rapport des naissances à la population.

La meilleure manière de juger de la fécondité d'une nation, c'est de comparer les naissances au chiffre de la population. C'est ce que j'ai représenté dans le tableau suivant :

Années.	Nombre des naissances (morts-nés compris)	Proportion des naissances sur 100 habitants
1865........	621,050	3.96
1866........	618,981	3.95
1867........	624,212	3.98
1868........	579,563	3.70
1869........	602,287	3.84
Moyennes.........	609,218	3.89

Comparativement aux années précédentes, le rapport des naissances à la population, autrement dit la natalité, a subi un accroissement notable. Pendant la période 1858-1862, le nombre moyen des naissances annuelles n'était que de 579,452, tandis que pendant celle que nous étudions, il est monté à 609,218, ce qui fait une différence de près de 30,000.

La proportion des naissances, qui est d'environ 4 pour 100 habitants, est supérieure non-seulement à celle de la France et de près de 1 ½ p. %, mais encore à celle de tous les États d'Europe, la Russie, la Hongrie, le Wurtemberg et la Saxe exceptés.

Les influences climatériques sont très-accusées en Espagne et, si l'on observe la natalité dans le nord et dans le midi, on rencontre une notable différence. J'ai trouvé, à cet égard, dans le Mémoire sur le mouvement de la population, publié en 1863 par le Comité général de statistique, de curieux résultats sur le nombre des naissances, à différentes latitudes.

Entre le 43°	et le 44°	de lat. N. il y a env.	3.22	naiss^ces	sur 100 h.
— 42°	— 43°	—	3.22	—	
— 41°	— 42°	—	3.70	—	
— 40°	— 41°	—	3.70	—	
— 39°	— 40°	—	3.84	—	
— 38°	— 39°	—	4.00	—	
— 37°	— 38°	—	4.16	—	
— 36°	— 37°	—	4.16	—	

II. — Rapport des naissances masculines aux naissances féminines.

La prédominance des naissances masculines sur les naissances féminines est un fait observé dans tous les pays et qui est beaucoup plus marqué à la campagne que dans les villes, pour les naissances légitimes que pour les naissances naturelles (1). En Espagne, la proportion des naissances masculines pour 100 naissances féminines a constamment été au-dessus de 106 pendant les cinq années que j'ai observées. Elle est même montée en 1866 et 1868 à 107 et 107.2, comme l'indique le tableau suivant :

Années	Naissances. (morts-nés compris) masculines.	féminines.	Excédant des naiss. mascul. sur les naiss. fémin.	naiss. fém. sur les naiss. masc.	Proportion des naissances masculines sur 100 nais. fémin.
1865......	320,921	300,129	20,792	»	106.9
1866......	320,267	298,714	21,553	»	107.2
1867......	322,019	302,193	19,826	»	106.5
1868......	299,600	279,963	19.637	»	107.0
1869......	311,245	291,042	20,203	»	106.9
Moyennes...	314,610	294,608	20,002	»	106.9

III. — Enfants naturels.

La proportion des enfants naturels est assez satisfaisante au point de vue de la moralité, car sur 100 naissances enregistrées, la statistique n'en accuse que 5.5 qui soient illégitimes pour l'Espagne entière. Il est évident que cette moyenne est considérablement augmentée si on ne considère que les villes ; elle monte alors à 15.9 et elle s'élèverait bien plus haut encore n'était la faible proportion présentée par certains chefs-lieux de province. Ainsi, pendant que

1. L'Écosse seule fait exception. On y compte 107.3 garçons pour 100 filles dans les naissances naturelles et seulement 105.7 dans les naissances légitimes.

Castellon, La Corogne, Murcie, ne présentent que 3 naissances illégitimes sur 100, Leon en compte 24, Salamanca 27, Tolède 27.5, Orense 36.9.

Il est curieux de remarquer qu'en général c'est dans les pays les plus méridionaux que les enfants naturels sont le moins nombreux. En Italie, par exemple, on en compte que 5.25 p. °/₀, en Grèce 1.26 seulement; tandis que chez nos vertueux voisins d'outre-Rhin on en trouve : dans la Saxe 14.91, le Wurtemberg 15.33 et la Bavière 21.50. Les villes de Vienne, Munich et Saint-Pétersbourg donnent même un nombre d'enfants naturels *plus considérable* que celui des enfants légitimes.

Années.	Nombre d'enfants naturels		Proportion des enfants naturels sur 100 naissances.	
	Dans les chefs-lieux de province	Dans les provinces	Dans les chefs-lieux de province	Dans les provinces
—	—	—	—	—
1865......	10,795	33,227	15.5	5.3
1866......	11,066	33,140	15.5	5.3
1867......	11,653	34,656	16.4	5,5
1868......	11,499	33,734	16.5	5.8
1869......	11,365	33,922	15.7	5.6
Moyennes......	11,276	33,736	15.9	5.5

IV. — Naissances multiples.

Le tableau suivant montre combien les naissances gémellaires sont peu fréquentes en Espagne. Sur 1000 accouchements, en général, on compte 8,47 accouchements doubles et seulement 0,15 triples.

Années.	Total général des accouchements	Nombre des accouchements		Proportion sur 1000 accouchements des accouchements	
		Doubles.	Triples.	Doubles.	Triples.
—	—	—	—	—	—
1865.....	615,400	5,434	108	8.83	0.17
1866.....	613,693	5,048	120	8.22	0.19
1867.....	618,652	5,432	64	8.78	0.10
1868.....	574,741	4,656	83	8.10	0.14
1869.....	597,081	5,032	87	8.42	0.14
Moyennes.....	603,913	5,120	92	8.47	0,15

Si on compare cette proportion de 8.47 grossesses gémellaires sur 1000 accouchements, à celles données par M. le docteur Bertillon pour certains groupes ethniques de l'Europe centrale, on trouve qu'elle est inférieure à tous et de beaucoup. Les chiffres suivants en donnent la mesure :

La France pour 1000 grossesses,	en compte		10,00	gémellaires.
L'Italie	—	—	10,36	—
La Prusse	—	—	12,50	—
La Gallicie (Slaves)		—	12,50	—
L'Autriche	—	—	11,90	—
La Hongrie	—	—	13,00	—

Il aurait été intéressant de vérifier si la répartition des sexes dans les grossesses doubles en Espagne avait lieu comme M. Bertillon l'a observé pour les pays cités plus haut, à savoir que : moins les grossesses gémellaires sont fréquentes, plus il y a de chances pour que les jumeaux soient du même sexe, et que plus elles sont fréquentes, plus il y a de chances pour qu'ils soient de sexes différents. Malheureusement, les documents officiels se contentent de mentionner l'accouchement sans dire à quel sexe appartiennent les enfants. Mais, en s'appuyant sur l'observation précédente, le nombre des jumeaux unisexués en Espagne devrait être bien supérieur à celui des jumeaux de sexes différents, et, par approximation, j'estime que, sur 100 grossesses doubles, 68 fournissent des jumeaux unisexués, et 32 seulement des jumeaux de sexes différents.

V. — Naissances par mois.

Comme dans tous les pays, les variations dans le nombre des naissances mensuelles sont assez grandes en Espagne ; et, comme toujours, c'est pendant les mois de janvier, février et mars qu'il y a le plus d'accouchements, tandis que, c'est pendant les mois de juin, juillet et août qu'il y en a le moins.

Mois de l'accouchem.	1865.	1866.	1867.	1868.	1869.	Moyenne.
Janvier	61,183	58,160	59,899	55,906	53,906	57,811
Février	58,421	56,148	57,130	52,116	50,191	54,801
Mars	57,359	59,180	59,943	54,868	52,966	56,863
Avril	53,273	52,790	54,022	50,704	48,833	51,924
Mai	51,039	51,482	52,373	49,967	47,899	50,552
Juin	45,903	46,283	45,741	43,226	44,161	45,163
Juillet	45,994	44,689	44,757	42,162	45,961	44,712
Août	46,371	46,349	46,307	43,939	49,116	46,416
Septembre	50,262	50,126	51,367	46,659	51,408	49,964
Octobre	50,873	51,894	50,989	47,179	53,843	50,956
Novembre	49,334	51,004	49,536	46,018	51,855	49,549
Décembre	51,038	50,876	52,148	46,819	52,148	50,606

L'influence des saisons est irréfutablement prouvée par les chiffres suivants :

Sur 100 enfants mis au monde annuellement.			
	24.8	ont été conçus	en hiver (janvier, février, mars).
	27.8	—	au printemps (avril, mai, juin).
	24.1	—	en été (juillet, août, septembre).
	23.1	—	en automne (octobre, novembre, décembre).

Il est à remarquer que le maximum des conceptions correspond aux mois d'avril, mai et juin, pendant lesquels toute la série animale procrée avec la plus grande abondance. Toutefois, il ne faut pas attribuer au seul printemps cet accroissement de naissances, et je crois que le grand nombre de mariages qui ont lieu pendant les mois de janvier et de février y contribue dans une certaine mesure ; car on remarque, d'autre part, que le minimum des mariages a lieu pendant les mois de juin, juillet et août, qui précèdent immédiatement le minimum des conceptions, lequel se trouve en septembre et en octobre.

VI. — Morts-nés.

Pour terminer l'étude des naissances, j'aurais voulu pouvoir parler des morts-nés. Mais les renseignements que j'ai recueillis sont tellement incomplets, que j'ai dû y renoncer. Tout ce que je crois pouvoir dire, c'est que le nombre des morts-nés m'a paru devoir être beaucoup plus grand pour le sexe masculin que pour le sexe féminin.

DÉCÈS.

I. — Rapport des décès à la population.

La moyenne des décès est très-élevée en Espagne, et si on la compare à celle des autres nations, on voit qu'elle est supérieure à presque toutes ; elle surpasse notamment celle de la France, d'environ 1 p. °/₀. Cette moyenne qui, pendant la période 1858-1862, avait été seulement de 2,77 pour 100 habitants, s'est élevée, pour la période 1865-1869, à 3,30. Voici les variations qu'a subies annuellement cette moyenne :

Années	Nombre des décès	Proportion des décès sur 100 habitants.
1865........	538,580	3,43
1866........	463,684	2,96
1867........	487,151	3,11
1868........	548,690	3,50
1869........	550,560	3,50
Moyennes........	517,533	3,30

A ces données générales, j'ajouterai que l'intensité de la mortalité est très-différente au nord et au midi et que ce sont les provinces du centre qui fournissent la moyenne la plus élevée ainsi que le montre le petit tableau suivant, emprunté au Mémoire déjà cité du Comité général de statistique :

Entre le 43° et le 44°	de lat. N. il y a env.	2,17	décès sur 100 h.
— 42° — 43°	—	2,56	—
— 41° — 42°	—	3,03	—
— 40° — 41°	—	3,12	—
— 39° — 40°	—	3,12	—
— 38° — 39°	—	3,03	—
— 37° — 38°	—	3,03	—
— 36° — 37°	—	3,03	—

II. — Mortalité selon les sexes.

La prédominance des décès masculins sur les décès féminins est un fait constant dans presque tous les pays, mais qu'il est difficile d'expliquer. Je crois qu'on doit l'attribuer en grande partie à la différence dans le nombre des décès des enfants âgés de moins de un an qui est en effet beaucoup plus considérable pour le sexe masculin que pour le sexe féminin alors qu'aux autres âges les chances de mort sont à peu près égales pour l'un et l'autre sexe. Mais qui nous dira pourquoi les petits garçons meurent plus que les petites filles ?

Années.	Décès masculins	Décès féminins	Excédant des décès masc. sur les décès féminins	Proportion des décès masc. sur 100 décès féminins
1865.........	275,729	262,851	12,878	104,8
1866.........	241,452	222,232	19,220	108,6
1867.........	253,012	234,139	18,873	108,0
1868.........	286,619	262,041	24,608	109,3
1869.........	282,598	267,962	14,636	105,4
Moyennes.......	267,888	249,845	18,043	107,2

J'ai dit plus haut que la mortalité avait augmenté en Espagne depuis dix ans, j'ajoute que c'est surtout sur la population masculine que pèse cette augmentation. En effet, pendant la période 1858-1862, l'excédent moyen annuel des décès masculins était de 14,091, tandis que, pendant la période 1865-1869, il est arrivé à 18,043. Le même fait s'est produit en France; de 1840 à 1849, il est mort dans notre pays 105 garçons pour 100 filles, tandis que, de 1857 à 1866, il en est mort 108.

III. — Décès par mois.

La mortalité varie sensiblement avec les saisons, et les mois d'extrême chaleur sont généralement les plus funestes. C'est ainsi que les mois de juillet ont une mortalité moyenne de 50.000, août 53.000, septembre 51.000, tandis que février n'a que 34.000, mars 38.000, avril 36.000, on en jugera du reste par le tableau suivant :

Mois.	1865.	1866.	1867.	1868.	1869.	Moyenne.
Janvier.	39,080	40,726	38,952	44,156	44,491	41,481
Février.	34,466	32,065	31,447	37,462	37,950	34,678
Mars.	38,619	36,629	35,774	39,378	43,965	38,873
Avril.	33,873	33,253	35,288	38,766	42,263	36,689
Mai.	32,930	31,550	38,648	39,485	40,094	36,541
Juin.	37,285	33,414	39,847	45,862	42,567	39,795
Juillet.	50,376	43,918	46,322	59,594	51,445	50,331
Août.	58,004	48,197	46,085	60,582	55,359	53,645
Septembre.	64,948	45,793	44,223	51,100	50,450	51,303
Octobre.	62,967	41,581	44,298	46,933	50,683	49,292
Novembre.	44,094	38,857	40,939	44,193	46,655	42,948
Décembre.	41,938	37,701	45,328	41,179	44,638	42,157

A un point de vue plus général, on peut dire, que :

Sur 100 décès annuels
- 22.2 ont eu lieu en hiver (janvier, février, mars).
- 21.8 — au printemps (avril, mai, juin).
- 29.9 — en été (juillet, août, septembre).
- 25.9 — en automne (octobre, novembre, décembre).

La marche ascendante est parfaitement graduelle, les soubresauts n'y sont sensibles qu'à l'époque des *maxima* et du *minimum*. La mortalité, en la prenant au mois de février, où elle est à son minimum, augmente graduellement jusqu'au mois de juin. Au mois de juillet, elle subit un accroissement considérable, qui s'accuse davantage encore en août ; enfin, elle recommence à décroître graduellement jusqu'au mois de février, où elle subit une diminution passagère, considérable, pour recommencer à augmenter peu après.

IV. — Décès par âge et par sexe.

Beaucoup d'auteurs ont cru que, pour apprécier l'intensité de la mortalité de chaque sexe à un âge déterminé, il fallait comparer le nombre des décédés du sexe et de l'âge qu'on étudiait au nombre total des décédés et dire, par exemple : sur 1000 décès annuels, il y en a eu *tant*, appartenant au sexe et à l'âge donnés. Cette méthode est défectueuse. Le seul moyen d'apprécier la vitalité d'un groupe d'âge, c'est de chercher le *rapport des décès au nombre des habitants du sexe et de l'âge correspondant*. C'est ainsi que j'ai procédé pour le tableau suivant :

Intervalles d'âges	Nombre moyen des décès annuels par sexe et par âge			Population par sexe et à différents âges, d'après le dernier recensement. (1860)			Proportion des décès annuels de chaque sexe et à différents âges sur 1,000 habitants de l'âge et du sexe correspondants.		
—	masculin	féminin	2 sexes	masculin	féminin	2 sexes	masculin	féminin	2 sexes
De moins de 1 an .	65,053	53,030	118,083	208,854	200,106	408,960	311,47	265,01	288,73
De 1 à 5 ans . . .	68,110	63,532	131,642	926,955	895,566	1,822,521	73,48	70,94	72,23
De 6 à 10 ans . .	9,918	9,677	19,595	843,812	823,286	1,667,098	11,75	11,75	11,75
De 11 à 15 ans . .	5,002	5,186	10,188	795,294	765,026	1,560,320	6,04	6,78	6,49
De 16 à 20 ans . .	5,895	6,304	12,199	682,635	786,559	1,469,194	8,03	8,01	8,30
De 21 à 25 ans . .	7,528	7,371	14,899	620,127	663,050	1,283,177	12,14	11,22	11,61
De 26 à 30 ans . .	6,751	7,166	13,917	671,703	719,767	1,391,470	10,05	9,95	10,00
De 31 à 40 ans . .	14,968	15,461	30,429	1,184,815	1,173,845	2,358,660	12,71	13,17	12,90
De 41 à 50 ans . .	18,812	16,591	35,403	831,826	841,012	1,672,838	22,62	19,73	21,16
De 51 à 60 ans . .	19,584	17,495	37,079	544,564	582,514	1,127,078	35,96	30,03	32,89
De 61 à 70 ans . .	22,608	21,948	44,556	327,842	331,478	659,320	68,96	66,21	67,58
De 71 à 80 ans . .	17,021	17,726	34,747	93,928	101,193	195,121	181,21	175,17	178,08
De 81 à 85 ans . .	4,114	5,010	9,124	12,937	14,466	27,403	318,00	346,32	332,95
De 86 à 90 ans . .	1,722	2,322	4,044	4,717	6,790	11,507	365,06	340,50	351,43
De 91 à 95 ans . .	538	763	1,301	924	1,341	2,265	582,25	568,97	574,39
Totaux et moyennes.	267,624	249,582	517,206	7,750,933	7,905,999	15,656,932	34,52	31,56	33,04

On est tout d'abord frappé de l'intensité de la mortalité à tous les âges. Mais les décès de la première année de la vie sont surtout excessivement nombreux et dépassent de 8 p. °/₀ ceux des enfants Français du même âge.

On observe que, contrairement à ce qui semblerait devoir arriver, les décès féminins sont moins nombreux à presque tous les âges, que les décès masculins. Chose curieuse, cette différence, qui est en général peu sensible, est très-marquée chez les enfants de moins de 1 an, c'est-à-dire à cette époque de la vie où la sexualité semblerait ne devoir jouer aucun rôle. C'est sur la grande prédominance des décès masculins à cet âge et que rien ne compense, que j'attribue, ainsi que je l'ai déjà dit, la différence que l'on trouve sur le total général des décès masculins et féminins.

V. — Table de survie, vie moyenne.

Pour terminer cette étude générale sur la mortalité, j'ai construit une table de survie par sexe et par âge en employant la formule suivante :

$$S_{n+1} = S_n \frac{2 - \delta C_n}{2 + \delta C_n}$$

Cette formule, qu'on doit à MM. Quételet et Bertillon, a, en effet, le grand avantage de tenir compte de l'accroissement de la population et de fournir, par conséquent, des résultats bien plus exacts que la simple table de décès de Halley. Les survivants, à chaque âge, une fois connus, on en déduit facilement, par les méthodes ordinaires, la durée de la vie moyenne. Voici le résultat de mes calculs :

Age des survivants	Table de survie par sexe et par âge			Vie moyenne par sexe et par âge					
	masculin	féminin	2 sexes	masculin		féminin		2 sexes	
	habitants	habitants	habitants	ann.	mois	ann.	mois	ann.	mois
A 0 année. . .	100,000	100,000	100,000	27	10	30	2	28	10
A 5 ans . . .	73,032	76,557	74,800	36	11	38	2	37	5
A 10 ans . . .	54,313	57,601	55,961	45	»	46	2	45	6
A 15 ans . . .	51,212	54,277	52,768	42	7	43	9	43	2
A 20 ans . . .	49,687	52,469	51,067	38	9	40	3	39	8
A 25 ans . . .	47,587	50,409	48,987	35	5	36	9	36	1
A 30 ans . . .	44,782	47,682	46,220	32	5	33	9	33	1
A 40 ans . . .	42,587	45,367	43,967	29	1	30	4	29	7
A 50 ans . . .	37,495	39,761	38,637	22	3	23	11	23	»
A 60 ans . . .	29,872	32,621	31,240	16	8	18	»	17	4
A 70 ans . . .	20,760	24,104	22,362	11	10	12	8	12	2
A 80 ans . . .	10,104	12,114	11,057	9	»	10	2	9	7
A 85 ans . . .	4,990	8,017	6,404	3	»	2	11	3	»
A 90 ans . . .	567	576	570	2	7	2	10	2	9
A 95 ans . . .	12	46	38	1	3	1	8	1	4
Au-dessus de 95 ans	2	8	7	»	»	»	»	»	»

Les résultats que faisait pressentir le tableau de la mortalité à chaque âge ressortent plus fortement encore dans celui-ci et l'on voit que plus *du quart des enfants meurent avant d'avoir atteint leur sixième année, et qu'à dix ans près de la moitié a disparu!* Ces chiffres néfastes méritent de fixer l'attention, mais je me contente, en ce moment, de les mentionner d'une manière générale; j'y reviendrai, en effet, tout à l'heure, en étudiant la mortalité par sexe et par âge dans chacune des provinces qui composent le territoire Espagnol.

La longévité des femmes espagnoles est assez caractérisée; ainsi, tandis que sur 100 hommes, 5 seulement atteignent 85 ans, sur 100 femmes, il en reste 8 au même âge. De même sur 100,000 naissances masculines, il ne reste à 95 ans que 12 hommes, tandis que pour le même nombre de naissances féminines, il reste 46 femmes.

VI. — Résumé.

Il est un fait qu'il faut tout d'abord signaler, c'est la constante prédominance des naissances sur les décès, condition sans laquelle une nation disparaîtrait bientôt. Cet excédant donne un accroissement annuel de la population de 5,84 sur 1,000 habitants; proportion bien faible si on la compare à celle obtenue pendant la période 1858-1865, qui était alors de 9,43. Cet abaissement énorme de la moyenne n'est dû ni à une diminution dans le nombre des mariages, ni à leur moindre fécondité, mais bien à un accroissement extrêmement considérable des décès.

Les influences climatériques dont j'ai montré l'importance par l'exposé des naissances et des décès sous différentes latitudes, me paraissent plus frappantes encore et les conclusions qui doivent ressortir de cette étude plus faciles à saisir, si on groupe les provinces selon leur position orographique.

On peut en juger par le tableau suivant :

Nom du versant	Provinces qu'il renferme	Naiss. (pour 100 habit.)	Décès (pour 100 habit.)
VERSANT OCÉANIEN.	Orense, Pontevedra, Coruña, Lugo, Oviedo, Santander, Viscaya, Guipúzcoa	3.37	2.38
BASSIN DE L'EBRE.	Alava, Logroño, Navarra, Zaragoza, Huesca, Lérida, Gerona, Barcelona, Tarragona, Teruel	3.80	3.45
PLATEAU DE CASTILLE.	Leon, Paléncia, Búrgos, Sória, Avila, Segóvia, Salamanca, Zamora, Valladolid	3.94	3.73
BASSIN DU GUADALQUIVIR.	Cádiz, Sevilla, Córdoba, Jaén, Granada	4.00	3.40
BASSIN DU GUADIANA.	Huelva, Badajoz, Cáceres, Toledo, Madrid, Guadalajara, Ciudad-Real.	4.06	3.61
BASSIN DE JUCAR ET DE LA SEGURA.	Castellon, Valéncia, Cuenca, Albacete, Alicante, Múrcia.	4.31	3.58
VERSANT SUD-MÉDITERRANÉEN	Almeria, Málaga	4.57	3.39

Les chiffres qu'on vient de lire nous enseignent que les provinces où la natalité est très-grande, subissent ordinairement aussi une mortalité considérable. On voit également que ce sont les hauts et froids plateaux de la Castille qui, sous tous les rapports, sont les moins bien partagés. On pourra, du reste, suivre de plus près cette étude comparative dans les tableaux qui composent la 2e et la 3e partie de ce travail et qui font connaître pour chaque province prise séparément, la proportion des naissances et des décès.

II.

DE LA NATALITÉ

DANS CHAQUE PROVINCE

APERÇU GÉNÉRAL SUR LA NATALITÉ

On a déjà vu, dans l'étude générale sur les naissances, que la natalité était très-élevée en Espagne, et la première idée qui se présente à l'esprit est évidemment celle-ci : Est-ce un bien, est-ce un mal ?

La signification à attribuer à une grande abondance de naissances n'est pas encore bien résolue ; car ce n'est pas le fait matériel seul qu'il importe de considérer, mais bien les conséquences qu'il entraîne et les résultats qu'il produit ; or, ces données changent pour chaque peuple.

En ne me plaçant qu'au point de vue de l'Espagne, je crois pouvoir dire qu'une grande fécondité est à souhaiter pour ce pays. Une natalité excessive est, en effet, à redouter dans une contrée déjà très-peuplée, dont le sol est improductif, et les ressources industrielles faibles ou peu rémunératrices, dans ce cas alors les charges d'une famille nombreuse sont lourdes à supporter et les naissances apportent avec elles la gêne et la misère et, par suite, diminuent les chances de vie. Mais en Espagne, la situation est tout autre ; le pays est peu peuplé (32 habitants par kil. c.) le sol riche, les ressources de toute sorte considérables ; il ne manque qu'une chose, des bras pour les faire fructifier.

Malheureusement les bienfaits de cette fécondité des mariages sont considérablement atténués en Espagne par une mortalité très-élevée qui ne laisse en somme qu'un léger excédant de naissances. Aussi l'accroissement annuel de la population est-il très-faible et, dans l'état actuel des choses, il faudrait environ 150 ans à l'Espagne pour doubler sa population.

Puisque l'Espagne peut nourrir plus d'habitants qu'elle n'en possède actuellement, et que l'augmentation de sa population est la condition *sine quâ non* de l'accroissement de sa richesse, il faut donc chercher par quels moyens on pourrait y arriver.

Je dirai, tout d'abord, que, dans les conditions où elle se trouve, l'émigration, si profitable à l'Angleterre et à l'Allemagne, est funeste à l'Espagne. L'émigration prive non seulement la Métropole d'un nombre considérable d'hommes en âge de l'indemniser des sacrifices qu'elle lui a coûtés, mais elle a encore pour conséquence, en Espagne, de laisser un vide après elle, d'arrêter le développement de la mère-patrie en lui enlevant ses enfants les plus courageux, les plus laborieux et souvent même les plus intelligents. Si ces raisons paraissent spécieuses, qu'on prenne les faits et qu'on cherche quel bénéfice a retiré l'Espagne de sa colonisation de toute l'Amérique du Sud. On devrait donc mettre les plus grandes entraves à l'émigration en facilitant sur place le bien-être aux hommes laborieux, en ouvrant des routes, en construisant des chemins de fer qui permettent d'exploiter les productions agricoles, les richesses minières considérables enfouies dans le sol et, en un mot, en donnant un grand développement au commerce.

Il est une autre mesure qu'il est encore nécessaire de

signaler : c'est la suppression du droit de primogéniture et l'abolition des majorats. La richesse de l'Espagne ne réside pas, et ne dépendra jamais de sa production industrielle, c'est donc du côté de l'agriculture que doivent se porter toutes les espérances. Or, comme l'a si bien dit J.-B. Say : « Dans un pays coupé et montueux, de petits cultivateurs seuls peuvent solliciter avantageusement le sol. » Dans la province de Cordoue, par exemple, la propriété est très-divisée sur le versant de la Sierra de Petroches, et produit proportionnellement davantage, bien qu'elle coûte plus de travail aux habitants, que dans la plaine au-dessous du Guadalquivir où les propriétés sont considérables et appartiennent à de grandes familles, à des majorats ou à des corporations religieuses. Le même fait a lieu dans l'Estramadure où le patrimoine royal, les ordres militaires, les majorats, les grands propriétaires, les communautés et les chapitres ecclésiastiques détiennent encore de vastes étendues de pays qu'ils immobilisent. Il en résulte que ce territoire, qui pourrait nourrir et enrichir le tiers de la population de l'Espagne, fait vivre à peine quelques misérables habitants, privés de travail, disséminés dans la province (15 hab. par k. c.).

La mesure lente, mais maintenant irrévocable, de la *désamortisacion* des biens du clergé amènera, sans doute, un résultat heureux ; mais ce n'est qu'une demi-mesure qui réclame impérieusement un complément reconnu, du reste, indispensable par tous les économistes qui ont étudié la question au point de vue de l'Espagne.

Il n'y a pas de pays où l'agriculture ait péri par le morcellement de la propriété, tandis qu'on pourrait en citer plusieurs où l'agglomération des propriétés a produit tous les genres de ruine.

On invoque l'exemple de l'Angleterre, mais on oublie qu'elle n'est pas une nation agricole ; son immense commerce, d'ailleurs, ses colonies, les bénéfices ecclésiastiques et laïques atténuent et tempèrent le mal de la législation. Et, cependant, cet ordre de choses n'a-t-il pas entraîné déjà, dans ce pays, des conséquences graves ; n'a-t-il pas fait refluer dans les villes la population des campagnes ; n'a-t-il pas rendu indispensable une taxe de près de 200 millions destinée à soutenir environ un cinquième de la population contrainte de vivre sur la caisse des pauvres !

Le chancelier Bacon, un des économistes les plus éminents de l'Angleterre, disait lui-même que là où les terres étaient trop agglomérées, les cultivateurs n'étaient plus que des journaliers ou de misérables métayers, et qu'il en était des États comme des taillis, où il ne croît plus que des broussailles lorsqu'on y laisse trop de baliveaux.

En résumé, je crois donc qu'en abolissant la loi de primogéniture, en matière de succession, on diminuerait considérablement l'émigration qu'elle provoque, on augmenterait ainsi la densité de la population des campagnes.

J'ajouterai, enfin, que le calme dans la vie politique de la nation ne contribue pas peu à augmenter le nombre des naissances et que, lorsque l'ère des guerres civiles sera terminée, on verra l'Espagne marcher rapidement dans la voie du progrès et de la richesse par l'augmentation de la population, le développement du commerce et la diminution de l'émigration.

Sur 1,000 habitants, combien de naissances annuelles?

1re CATÉGORIE 29.4—32.9		2e CATÉGORIE 33.0—36.2		3e CATÉGORIE 36.0—39.9		4e CATÉGORIE 40.0—43.9		5e CATÉGORIE 44.0—46.8	
Pontevedra	29.4	Orense	34.6	Alava	36.0	Sevilla	40.1	Málaga	45.2
Lugo	330.	Navarra	35.0	Lérida	36.0	Paléncia	40.3	Almería	46.3
Oviedo	31.7	Guipúzcoa	35.3	Gerona	36.1	Toledo	40.3	Múrcia	46.8
Baleáres	32.9	Coruña	35.4	Leon	36.3	Zaragoza	40.4		
		Barcelona	35.9	Zamora	36.5	Huelva	41.3		
				Vizcaya	36.8	Avila	41.4		
				Santander	36.9	Ciudad-Real	41.4		
				Tarragona	37.5	Granada	41.4		
				Valladolid	37.7	Jaén	41.5		
				Cádiz	38.0	Cáceres	41.5		
				Guadalajara	38.0	Cuenca	41.5		
				Huesca	38.2	Valéncia	41.5		
				Búrgos	38.8	Segóvia	41.6		
				Salamanca	39.3	Sória	42.2		
				Madrid	39.4	Badajoz	42.6		
				Córdoba	39.8	Logroño	42.9		
						Canárias	43.0		
						Albacete	43.1		
						Castellon	43.3		
						Teruel	43.3		
						Alicante	43.8		

Lorsqu'on considère attentivement le tableau précédent, on est frappé de voir que, d'une part, les provinces appartenant à la 1re et à la 2e catégorie, c'est-à-dire celles où la natalité est la plus faible, sont toutes au nord de l'Espagne et que, d'autre part, celles qui forment les 4e et 5e catégories, c'est-à-dire celles où les naissances sont les plus fréquentes, sont toutes situées au midi. Quelles sont les causes de cette répartition géographique si nettement caractérisée ?

Il est évident, tout d'abord, que plus le nombre des mariages est considérable, plus il y a de chance de voir le nombre des naissances augmenter. Or, c'est précisément dans les provinces appartenant à la 4e et 5e catégorie que les mariages sont les plus nombreux et dans celles qui composent les deux premières que la statistique en accuse le moins.

C'est donc au grand nombre de mariages, fournis par les provinces du Midi, qu'est due la proportion considérable des naissances qu'on y observe. Toutefois, ce ne doit pas être la seule raison, car je crois que les causes de ce phénomène sont fort complexes ; et je serais disposé à attribuer à des influences climatériques directes ou indirectes une bonne part dans sa production.

Sur 1,000 accouchements, combien sont gémellaires?

1re CATÉGORIE 4.4—5.8	2e CATÉGORIE 6.2—7.5	3e CATÉGORIE 7.8—9.4	4e CATÉGORIE 9.6—10.9	5e CATÉGORIE 11.7—12.6
Orense....... 4.4	Baleáres...... 6.2	Málaga....... 7.8	Almería..... 9.6	Toledo...... 11.7
Madrid....... 5.7	Cádiz........ 6.2	Vizcaya....... 7.8	Zamora..... 9.6	Oviedo...... 12.6
Paléncia...... 5.8	Lugo......... 6.5	Logroño...... 7.9	Tarragona... 9.7	
	Alicante...... 6.6	Geroña....... 8.1	Albacete.... 9.9	
	Leon......... 6.6	Guipúzcoa.... 8.3	Avila........ 9.9	
	Córdoba...... 7.1	Lérida....... 8.4	Cuenca...... 9.9	
	Coruña....... 7.1	Búrgos....... 8.5	Cáceres..... 10.2	
	Santander.... 7.1	Huesca....... 8.8	Salamanca... 10.4	
	Canárias...... 7.2	Sória......... 9.0	Guadalajara.. 10.7	
	Barcelona..... 7.3	Castellon..... 9.1	Segóvia..... 10.8	
	Granada...... 7.3	Sevilla....... 9.1	Huelva...... 10.9	
	Alava........ 7.5	Valladolid.... 9.1		
	Múrcia....... 7.5	Badajoz...... 9.2		
	Navarra...... 7.5	Pontevedra... 9.2		
		Ciudad-Real.. 9.3		
		Zaragoza..... 9.3		
		Jaén......... 9.4		
		Teruel....... 9.4		
		Valéncia...... 9.4		

Je n'ai donné le tableau précédent que pour compléter l'étude de la natalité ; car on n'a pas encore pu expliquer pourquoi ces accouchements multiples étaient plus souvent observés dans telle race plutôt que dans telle autre, ni rattacher ce phénomène à aucun fait biologique bien contrôlé.

Sur 1,000 naissances enregistrées, combien de naissances illégitimes dans les provinces?

1re CATÉGORIE 13—33		2e CATÉGORIE 34—53		3e CATÉGORIE 54—73		4e CATÉGORIE 74—93		5e CATÉGORIE 94—151	
Pontevedra....	13	Guipúzcoa.....	34	Huelva........	55	Sevilla........	86	Canárias	122
Castellon......	14	Paléncia.......	35	Salamanca.....	58	Orense........	93	Cádiz........	125
Lérida........	14	Almería.......	36	Leon..........	60			Coruña.......	148
Sória	18	Badajoz	36	Oviedo........	63			Lugo.........	151
Tarragona.....	18	Valéncia.......	40	Córdoba.......	67			Madrid.......	151
Logroño.......	20	Avila..........	41						
Alava	20	Cáceres	41						
Alicante.......	20	Málaga........	43						
Teruel	21	Santander.....	43						
Guadalajara....	21	Barcelona	44						
Gerona........	22	Jaén...	44						
Segóvia	22	Albacete.......	45						
Búrgos........	22	Granada.......	46						
Cuenca........	24	Zaragoza	48						
Navarra.......	25	Valladolid.....	48						
Ciudad-Real...	27	Zamora	49						
Huesca........	28								
Vizcaya........	30								
Baleáres.......	31								
Múrcia...... .	31								
Toledo........	33								

On a vu page 15 que la moyenne générale des enfants naturels était de 55 pour 1000 naissances ; mais il est évident que cette proportion assez faible déjà le serait bien plus encore sans une douzaine de provinces à moyennes élevées.

On devait s'attendre à ce résultat vu le grand nombre de mariages et le peu de centres de population, qui fournissent ordinairement un plus fort contingent d'enfants naturels que les campagnes.

Il est à remarquer que les provinces qui présentent les moyennes les plus élevées sont réunies en deux groupes, l'un au nord-ouest, formé des provinces de Coruña, Lugo, Oviedo, Orense, Leon, Salamanca, et l'autre au sud, comprenant les provinces de Córdoba, Huelva, Sevilla et Cádiz. Les causes de l'illégitimité sont surtout sociales, et, selon moi, une des principales, c'est l'âge auquel on a l'habitude de contracter le mariage. Voici quelques chiffres à l'appui de mon dire et qui s'appliquent aux provinces où la moyenne des enfants naturels est la plus élevée. Dans la Coruña 26 p. °/₀ des hommes se marient de 15 à 25 ans et 57 p. °/₀ de 25 à 35 ; dans la province de Lugo 17 p. °/₀ de 15 à 25 ans et 57 p. °/₀ de 25 à 35, enfin dans celle d'Orense 15 p. °/₀ seulement des hommes ont de 15 à 25 ans lors du mariage et 63 p. °/₀ ont de 25 à 35 ans. Le fait est encore bien plus saillant et bien plus important pour les femmes ; dans la province de Lugo 32 p. °/₀ se marient de 12 à 25 ans et 52 p. °/₀ de 25 à 35 ; dans celle d'Orense 37 p. °/₀ se marient de 12 à 25 ans et 50 p. °/₀ de 25 à 35. Évidemment ce célibat prolongé doit être la cause d'un grand nombre de naissances illégitimes.

Sur 1,000 naissances enregistrées, combien de naissances illégitimes dans les chefs-lieux de province?

1re CATÉGORIE 31—99		2e CATÉGORIE 100—167		3e CATÉGORIE 168—235		4e CATÉGORIE 236—303		5e CATÉGORIE 304—369	
Coruña	31	Logroño	101	Zaragoza	168	Lugo	240	Orense	369
Castellon	37	Búrgos	102	Valladolid	170	Leon	243		
Cáceres	41	Huesca	110	Córdoba	170	Salamanca	270		
Múrcia	46	Guadalajara	123	Valéncia	175	Toledo	275		
Oviedo	53	Avila	125	Cuenca	176	Sta Cruz de Tener	296		
Tarragona	53	Sória	128	Zamora	178	Cádiz	298		
Lérida	63	Jaén	129	Pamplona	185				
Ciudad-Real	69	Almeria	131	Pontevedra	190				
Huelva	75	San-Sebastian	139	Sevilla	190				
Alicante	77	Barcelona	140	Badajoz	210				
Palma de Mallorca	79	Bilbáo	144	Gerona	214				
Santander	81	Granada	151	Madrid	218				
Albacete	87	Segóvia	155						
Victoria	87								
Teruel	95								
Málaga	97								
Paléncia	99								

Je disais tout à l'heure que les villes fournissaient un plus grand nombre d'enfants naturels, le tableau ci-contre en donne la preuve et on peut dire, qu'en général, le coefficient de l'illégitimité est en raison directe de la densité de la population.

Les rapports irréguliers entre les deux sexes sont naturellement plus fréquents là où ils échappent à la notoriété et où les unions illégitimes sont favorisées à la fois par le secret et par une certaine tolérance de l'opinion ; puis c'est dans les villes que se trouve le plus d'adultes des deux sexes non mariés.

Mais il ne faudrait pas croire que la constatation d'un nombre de naissances naturelles plus grand dans les villes que dans les campagnes y indique d'une manière absolue des rapports plus irréguliers entre les deux sexes. Il est, en effet, reconnu que les campagnes voient naître légitimes beaucoup d'enfants conçus illégitimes : l'opinion y étant beaucoup plus sévère pour le séducteur et d'un autre côté les inégalités de rang, de fortune y étant sensiblement moindres qu'au sein des villes, où elles sont un des grands obstacles à la légitimation de l'enfant par le mariage. Enfin bon nombre de filles-mères viennent accoucher dans les villes parce qu'elles peuvent y cacher plus facilement leur triste situation. Malgré tout cela, il faut remarquer que lorsque dans le tableau précédent certaines provinces telles que Coruña, Sevilla, Oviedo, Córdoba, Huelva, avaient une moyenne élevée, elles ne la devaient pas au contingent des villes, mais bien à celui des campagnes.

Contrairement à ce qu'il arrive ordinairement, les grands centres de population, tels que Santander, Málaga, Barcelona, Zaragoza, Valéncia, Sevilla et Madrid, ont une moyenne d'enfants illégitimes assez faible.

Je ne sais à quoi attribuer la proportion considérable d'enfants naturels qui naissent annuellement dans la ville d'Orense ; car elle n'est pas due à une élévation anormale du nombre absolu des naissances illégitimes, pendant une année ou deux, car de 1865 à 1869 ce nombre a été sensiblement le même ; mais je ferai remarquer que c'est une des villes où la proportion des mariages, par habitants âgés de 20 à 30 ans, est la plus faible.

III.

DE LA MORTALITÉ

DANS CHAQUE PROVINCE

APERÇU GÉNÉRAL SUR LA MORTALITÉ

L'étude de la mortalité a surtout été l'objet de toute mon attention et on trouvera, plus loin, des tableaux présentant, sous différents jours, le funèbre tribut payé annuellement à la mort.

Ainsi qu'on le verra, la mortalité est très-élevée à tous les âges et si on compare la mortalité générale en France et en Espagne, on voit que dans la province espagnole, où elle l'est le moins (Oviedo 20.0 p. °°/₀₀), la moyenne est presque aussi élevée que dans le département français où elle l'est le plus (H^tes-Alpes 29.9 p. °°/₀₀).

Il est un autre fait qui frappera tout d'abord le lecteur, c'est l'inégale répartition des chances de mort pour l'un ou l'autre sexe, aux différents âges et dans chaque province.

Dans telle province, par exemple, les enfants du sexe masculin de 10 à 15 ans y meurent moins que ceux du sexe féminin du même âge ; dans telle autre, c'est le contraire qui a lieu ; dans celle-ci, la mortalité à tous les âges y est supérieure à celle de la province voisine ; dans celle-là, ce sont surtout les petits enfants, âgés de moins de 1 an, qui sont le plus cruellement frappés. Voilà quels sont les faits, ignorés jusqu'ici, qu'enseignent les tableaux qui suivent.

J'aurais voulu, pour compléter ces recherches, étudier, dans chaque province, quels étaient les saisons, les mois les plus fatals à chaque âge ; malheureusement les documents officiels manquent sur ce point et j'ai dû me contenter, à ce sujet, des résultats généraux que j'ai donnés un peu plus haut.

On a dit que la mortalité d'une nation dépendait, en grande partie, du degré de bien-être dans lequel elle vivait; cette pensée est si profondément vraie, quand on considère l'Espagne, qu'il semble qu'elle a été inspirée par l'étude des faits qui se passent dans ce pays.

En effet, la Vieille-Castille, l'Aragon, l'Estramadure, la Manche, où la mortalité est si élevée, sont des provinces pauvres, peuplées de quelques rares habitants, portant, sur leurs visages rembrunis, les traces de l'ennui et de la pauvreté; car le peu de moyens qu'ils entrevoient, pour sortir de leur misère, les décourage et les retient dans cette indolente indifférence qu'on leur reproche.

La Galicie, au contraire, ainsi que les provinces Basques et la Catalogne, qui, placées dans des conditions climatériques à peu près semblables, mais habitées par des populations jouissant d'une certaine aisance due à des relations commerciales, relativement étendues, se présentent avec une mortalité bien moins grande.

C'est donc dans l'accroissement du bien-être général de la population de certaines provinces, qu'il faut chercher le remède à la grande mortalité qui les décime actuellement.

Sur 1,000 habitants, combien de décès annuels?

1re CATÉGORIE 20.0—24.5		2e CATÉGORIE 24.6—28.8		3e CATÉGORIE 30.0—33.6		4e CATÉGORIE 34.0—37.8		5e CATÉGORIE 38.0—41.9	
Oviedo......	2.00	Guipúzcoa...	24.6	Navarra.....	30.8	Leon........	34.0	Huesca......	38.1
Pontevedra..	20.2	Canárias.....	24.7	Alava.......	31.4	Almería.....	34.3	Valéncia.....	38.4
Lugo........	21.2	Lérida......	25.7	Tarragona...	31.5	Córdoba.....	34.4	Guadalajara..	38.5
Coruña......	23.4	Huelva......	25.9	Alicante.....	31.9	Gerona......	34.6	Cuenca......	38.5
		Orense......	26.0	Múrcia......	32.6	Ciudad-Real.	34.9	Teruel......	39.1
		Vizcaya......	26.2	Sevilla......	32.6	Búrgos......	35.0	Cáceres.....	39.3
		Baleáres.....	26.9	Cádiz.......	32.8	Jaén........	35.0	Segóvia.....	39.8
		Santander...	28.8	Salamanca...	33.3	Granada.....	35.6	Logroño.....	39.8
				Barcelona....	33.3	Badajoz.....	35.8	Zaragoza....	40.9
				Málaga......	33.6	Castellon....	36.0	Valladolid...	41.2
						Sória.......	36.4	Madrid......	41.3
						Toledo......	36.9	Paléncia.....	41.9
						Zamora.....	36.9		
						Albacete.....	37.0		
						Avila........	37.8		

Bien que ce mode d'étudier la mortalité, en comparant le nombre total des décédés des deux sexes et de tous âges au chiffre de la population, laisse beaucoup à désirer en ce qu'il ne tient pas assez compte des décès si considérables des âges extrêmes, il n'en est pas moins très-curieux de constater l'intervalle considérable qui sépare les provinces où la mortalité est maximum de celles où elle est minimum.

On sera également étonné de voir que des provinces limitrophes ont des moyennes qui varient dans des proportions considérables. Lugo, par exemple, sur 1000 habitants, ne présente qu'une mortalité de 21.2, tandis que Leon a 34.0 et Paléncia 41.9. De même pour Orense dont la mortalité moyenne n'est que de 26.0 p. °°/₀₀, tandis que pour Zamora, qui la touche, elle est de 36.9 et pour Valladolid, qui borne à l'est cette dernière, elle est de 41.2. De même pour Lérida, Tarragona et Teruel; Múrcia et Albacete; Alicante et Valéncia; Oviedo, Santander et Leon; Huelva et Badajoz, etc.

Cinq groupes géographiques, à mortalité différente, pourraient, néanmoins, être formés, afin de laisser dans l'esprit des idées d'ensemble qu'il serait difficile d'avoir si on comparait séparément chaque province. Par ordre croissant de mortalité, je grouperai donc les provinces de la manière suivante : 1° Les provinces situées dans le versant de l'Océan Atlantique; 2° la Catalogne; 3° l'Andalousie avec Alicante et Múrcia; 4° le royaume de Leon; 5° l'Aragon, la Vieille-Castille, l'Estramadure, la Nouvelle-Castille avec Albacete, Valéncia et Castellon.

Sur 1,000 enfants âgés de moins de 1 an, combien de décès annuels?

PROVINCES	SEXE masc.	SEXE fém.	PROVINCES	SEXE masc.	SEXE fém.
Alava	259.1	211.6	Lérida	264.5	237.8
Albacete	186.5	272.4	Logroño	350 8	283.2
Alicante	336.8	243.2	Lugo	185.1	171.5
Almeria	347.8	305.3	Madrid	422.5	346.0
Avila	398.7	335.0	Málaga	352.2	305.3
Badajoz	340.5	298 3	Múrcia	340.0	291.6
Baleáres	213.4	186.4	Navarra	232.4	196.1
Barcelona	290.7	253.8	Orense	252.5	195.3
Búrgos	303.2	251.1	Oviedo	154.5	139.4
Cáceres	441.1	356.1	Paléncia	294.7	270.9
Cádiz	363.3	307.5	Pontevedra	107.5	152.1
Canárias	207.7	288.8	Salamanca	289.3	247.8
Castellon	291.5	255.0	Santander	241.2	194.9
Ciudad-Real	443.3	318.8	Segóvia	326.4	342.9
Córdoba	349.7	282.9	Sevilla	325.9	282.3
Coruña	235.4	192.5	Sória	404.7	317.4
Cuenca	343.3	297.5	Tarragona	252.1	223.6
Gerona	320.5	277.8	Teruel	337.8	276.9
Granada	319.1	291.6	Toledo	373.8	330.5
Guadalajara	369.8	322.3	Valéncia	325.6	272.0
Guipúzcoa	191.4	159.5	Valladolid	342.7	294.9
Huelva	277.6	234.3	Vizcaya	192.4	153.1
Huesca	293.2	173.7	Zamora	331.8	278.5
Jaén	332.8	284.6	Zaragoza	369.6	323.3
Leon	398.9	302.5			

Mortalité des garçons de moins de 1 an, comparée à celle des filles du même âge.

La mortalité des filles, de moins de 1 an, est, dans presque toutes les provinces, moins élevée que celle des garçons du même âge. Il ne faut en excepter que Segóvia, Pontevedra, Canárias et Albacete, et la différence n'est véritablement sensible que pour les deux dernières qui présentent un excédent proportionnel de plus de 80 p. °°/₀₀ pour les filles que pour les garçons.

Néanmoins, le maximum de la mortalité des filles est loin d'atteindre, dans aucune province, celui des garçons. En effet, le maximum de la mortalité masculine et féminine se rencontre dans les provinces de Cáceres et de Madrid qui, sur 1000 habitants de 0 à 1 an, fournissent 441.1 décès masculins et 356.1 décès féminins pour Cáceres; 422.5 décès masculins et 346.0 décès féminins pour Madrid.

Les provinces du Midi, en général, ainsi que celles du Nord-Ouest, se distinguent particulièrement par la faiblesse de la mortalité féminine comparée à la masculine, et quelques-unes, telles que Madrid, Sória, Cáceres, Alicante et Leon, ont même une différence proportionnelle qui va jusqu'à 96 p. °°/₀₀. La différence moyenne est d'environ 45 p. °°/₀₀, c'est-à-dire que pour 1000 décès féminins, il y en a, en moyenne, 1045 du sexe masculin.

Sur 1,000 enfants âgés de 1 à 5 ans, combien de décès annuels?

PROVINCES	SEXE		PROVINCES	SEXE	
	masc.	fém.		masc.	fém.
Alava	69.5	69.0	Lérida	83.1	78.5
Albacete	89.7	85.7	Logroño	81.6	94.4
Alicante	77.2	69.9	Lugo	31.8	31.0
Almería	76.0	77.5	Madrid	115.0	110.4
Avila	77.2	78.9	Málaga	88.8	85.3
Badajoz	89.1	87.9	Múrcia	70.9	70.4
Baleáres	55.4	53.4	Navarra	64.0	62.5
Barcelona	73.5	73.3	Orense	51.7	45.3
Búrgos	88.4	82.7	Oviedo	26.3	23.7
Cáceres	89.3	101.8	Paléncia	95.8	90.5
Cádiz	81.9	75.9	Pontevedra	23.9	24.4
Canárias	35.7	38.1	Salamanca	74.4	73.2
Castellon	82.4	77.1	Santander	55.1	52.9
Ciudad-Real	80.2	73.9	Segóvia	75.1	77.9
Córdoba	87.5	78.9	Sevilla	80.3	73.9
Coruña	41.1	38.7	Sória	69.3	65.4
Cuenca	84.5	66.9	Tarragona	72.8	71.4
Gerona	82.1	79.7	Teruel	87.8	84.5
Granada	90.3	86.6	Toledo	79.1	73.0
Guadalajara	82.2	83.0	Valéncia	87.6	86.0
Guipúzcoa	37.2	35.5	Valladolid	92.7	90.1
Huelva	56.4	54.9	Vizcaya	45.7	45.9
Huesca	87.0	87.2	Zamora	77.7	75.2
Jaén	79.5	78.8	Zaragoza	93.5	89.9
Leon	71.8	65.4			

Mortalité des garçons de 1 à 5 ans, comparée à celle des filles du même âge.

Ce qui frappe, tout d'abord, en parcourant les colonnes du tableau précédent, c'est la diminution considérable du coefficient de la mortalité ; et en observant avec attention on s'aperçoit bien vite que la prédominence des décès masculins sur les décès féminins, qui était si marquée pour les enfants de moins de 1 an, a considérablement diminué pour ceux âgés de 1 à 5 ans. La mortalité des enfants de cet âge est, en effet, sensiblement la même pour les deux sexes dans un grand nombre de provinces. L'écart le plus considérable est fourni par la province de Cuenca qui présente 17 p. °°/°° décès en moins pour le sexe féminin, c'est-à-dire que dans la province de Cuenca pour 1000 décès du sexe féminin, on en comptera 1017 du sexe masculin. On trouve encore une diminution de 8 p. °°/°° des décès féminins sur les masculins dans la province de Córdoba ; de 7 dans celle d'Alicante ; de 6 dans celles de Sevilla, de Leon, d'Orense, de Ciudad-Real, de Toledo et de Cádiz. Par contre, les décès féminins l'emportent proportionnellement sur les masculins de 12 p. °°/°° dans les provinces de Cáceres et de Logroño. Dans toutes les autres l'excédent ne dépasse pas 2 p. °°/°°.

Sur 1,000 enfants âgés de 6 à 10 ans, combien de décès annuels?

PROVINCES	SEXE masc.	SEXE fém.	PROVINCES	SEXE masc.	SEXE fém.
Alava	9.8	10.4	Lérida	13.8	14.8
Albacete	9.1	9.4	Logroño	13.8	13.7
Alicante	10.6	10.1	Lugo	8.8	8.2
Almería	8.7	8.5	Madrid	20.2	17.5
Avila	10.7	11.1	Málaga	10.3	10.5
Badajoz	11.4	12.2	Múrcia	8.6	8.8
Baleáres	7.6	8.4	Navarra	12.1	13.6
Barcelona	13.0	11.9	Orense	9.5	9.8
Búrgos	12.0	11.4	Oviedo	8.6	8.2
Cáceres	10.8	12.2	Paléncia	23.9	26.3
Cádiz	9.8	9.7	Pontevedra	8.0	7.5
Canárias	6.7	7.0	Salamanca	11.5	13.6
Castellon	13.7	13.4	Santander	13.9	14.4
Ciudad-Real	8.2	8.3	Segóvia	14.2	11.8
Córdoba	11.2	11.6	Sevilla	10.9	10.4
Coruña	8.9	8.2	Sória	11.2	11.5
Cuenca	13.2	14.0	Tarragona	10.9	12.7
Gerona	10.5	10.7	Teruel	12.6	11.2
Granada	12.5	12.6	Toledo	13.7	13.3
Guadalajara	15.3	12.1	Valéncia	13.8	14.0
Guipúzcoa	8.5	9.5	Valladolid	12.6	12.3
Huelva	9.5	9.5	Vizcaya	6.5	11.9
Huesca	17.2	14.7	Zamora	13.6	13.9
Jaén	13.3	12.9	Zaragoza	16.7	16.2
Leon	14.3	13.1			

Mortalité des garçons de 6 à 10 ans, comparée à celle des filles du même âge.

L'intensité de la mortalité a considérablement diminué à cet âge et la moyenne générale qui, ainsi qu'on l'a vue (page 23), était de 311,47 de 0 à 1 an, de 73.48 de 1 à 5 ans pour 1000 garçons ; de 265,01 de 0 à 1 an, et de 70.94 de 1 à 5 ans pour 1000 filles, la moyenne est descendue pour les enfants des deux sexes âgés de 6 à 10 ans à 11. 75 p. °°/₀₀.

Mais si la moyenne générale est la même pour les deux sexes, il y a un plus grand nombre de provinces accusant une mortalité chez les filles proportionnellement plus élevée que celle des garçons, qu'il n'y en a où la mortalité masculine soit plus élevée que la mortalité féminine ; et ce qui compense ce fait c'est que, si, les moyennes féminines moins élevées que les masculines sont en plus petit nombre, l'écart qui les sépare de la proportion masculine correspondante est plus grand. C'est ainsi qu'on voit Guadalajara avec un excédant de décès masculins de 3 p. °°/₀₀ et Huesca, Madrid, Segóvia de plus de 2 p. °°/₀₀, tandis qu'il n'y a que dans les provinces de Paléncia et Salamanca où la mortalité des filles surpasse, d'une façon à peu près sensible, celle des garçons, et encore n'est-ce que de 2 p. °°/₀₀ ; partout ailleurs, la différence n'est que de 1 p. °°/₀₀ et le plus souvent même de 0.6 ou 0.7 p. °°/₀₀ seulement.

Sur 1,000 enfants âgés de 11 à 15 ans, combien de décès annuels?

PROVINCES	SEXE masc.	SEXE fém.	PROVINCES	SEXE masc.	SEXE fém.
Alava	5.6	5.7	Lérida	7.9	8.1
Albacete	5.1	5.5	Logroño	5.1	7.7
Alicante	5.7	5.8	Lugo	4.9	4.7
Almería	5.3	4.8	Madrid	7.1	9.0
Avila	6.1	6.0	Málaga	5.6	5.7
Badajoz	7.4	6.9	Múrcia	3.5	5.8
Baleáres	4.0	4.5	Navarra	5.5	6.3
Barcelona	6.0	7.1	Orense	5.5	7.1
Búrgos	5.7	6.9	Oviedo	4.5	5.1
Cáceres	6.0	6.2	Paléncia	15.0	13.8
Cádiz	6.8	5.6	Pontevedra	5.9	6.1
Canárias	4.4	5.6	Salamanca	6.6	6.9
Castellon	6.3	6.4	Santander	8.4	7.2
Ciudad-Real	5.5	5.6	Segóvia	6.7	7.8
Cordoba	6.3	6.4	Sevilla	5.0	5.7
Coruña	4.6	5.1	Sória	5.1	5.9
Cuenca	6.1	7.4	Tarragona	6.3	6.9
Gerona	5.3	6.6	Teruel	8.5	7.7
Granada	5.6	6.0	Toledo	6.9	7.9
Guadalajara	5.1	6.4	Valéncia	6.6	6.9
Guipúzcoa	3.3	5.2	Valladolid	7.3	7.9
Huelva	7.3	7.0	Vizcaya	5.3	6.2
Huesca	6.9	7.4	Zamora	8.1	9.8
Jaén	7.1	7.3	Zaragoza	9.2	8.3
Leon	8.1	8.3			

Mortalité des garçons de 11 à 15 ans, comparée à celle des filles du même âge.

Jusqu'ici la mortalité des enfants du sexe masculin avait été plus considérable, surtout pour ceux de moins de 1 an. De 11 à 15 ans, au contraire, ce sont les décès féminins qui prédominent, et si légère que soit cette augmentation elle n'en existe pas moins et mérite d'être signalée.

Il n'y a, en effet, que dix provinces où la proportion de la mortalité des filles de 11 à 15 ans, soit inférieure à celle des garçons de cet âge, et les provinces de Cádiz, Paléncia, Santander, qui présentent l'écart maximum, n'ont une moyenne féminine inférieure à la masculine que de 1.2 p. °°/₀₀. Parmi les provinces dont la proportion de la mortalité des filles est supérieure à celle des garçons, je citerai Búrgos, Canárias avec un excédant de 1.2 p. °°/₀₀ ; Cuenca, Gerona, Guadalajara 1.3 ; Orence 1.6 ; Zamora 1.7 ; Guipúzcoa, Madrid 1.9 ; enfin Logroño 2.6.

Il est à remarquer que la province de Logroño a été constamment défavorable au sexe féminin.

Sur 1,000 habitants âgés de 16 à 20 ans, combien de décès annuels?

PROVINCES	SEXE masc.	SEXE fém.	PROVINCES	SEXE masc.	SEXE fém.
Alava...........	7.5	7.5	Lérida..........	9.9	9.5
Albacete.........	7.8	9.3	Logroño.........	8.4	7.2
Alicante.........	7.2	6.9	Lugo............	5.9	5.1
Almería.........	7.5	6.6	Madrid..........	12.9	12.7
Avila...........	8.5	9.3	Málaga..........	10.0	7.4
Badajoz.........	8.5	7.9	Múrcia..........	7.9	7.8
Baleáres.........	6.3	6.7	Navarra.........	6.8	7.8
Barcelona........	10.2	10.0	Orense..........	6.6	6.6
Búrgos..........	6.9	7.8	Oviedo..........	8.1	5.5
Cáceres.........	8.3	8.3	Paléncia.........	16.8	15.3
Cádiz...........	8.9	8.9	Pontevedra.......	8.4	5.4
Canárias.........	6.4	5.0	Salamanca........	7.3	8.4
Castellon........	7.2	7.1	Santander........	10.4	7.1
Ciudad-Real......	8.2	9.4	Segóvia.........	8.8	8.5
Córdoba.........	8.7	5.8	Sevilla..........	7.9	7.7
Coruña..........	7.2	5.0	Sória............	7.2	7.3
Cuenca..........	9.5	9.0	Tarragona........	8.0	7.3
Gerona..........	8.5	7.0	Teruel..........	8.7	8.5
Granada.........	8.3	8.3	Toledo..........	8.5	9.2
Guadalajara.......	8.3	9.8	Valéncia.........	9.1	9.4
Guipúzcoa........	6.2	7.6	Valladolid........	9.0	10.1
Huelva..........	8.8	7.3	Vizcaya..........	9.2	6.6
Huesca..........	9.1	7.2	Zamora..........	10.0	9.8
Jaén............	9.7	8.6	Zaragoza.........	10.3	9.1
Leon............	8.1	8.4			

Mortalité des jeunes gens de 16 à 20 ans, comparée à celle des filles du même âge.

La prédominance proportionnelle des décès féminins sur les masculins, signalée de 11 à 15 ans, n'a pas continué à se manifester ; la mortalité des jeunes gens recommence à être supérieure à celle des jeunes filles pour la période de 16 à 20 ans.

Toutefois, il y a quelques exceptions et la mortalité féminine est encore plus élevée que la mortalité masculine, de 1 p. °°/₀₀ dans les provinces de Navarra et de Valladolid ; de 1.2 dans celle de Ciudad-Real ; de 1.4 dans Guipúzcoa et de 1.5 dans Albacete et Guadalajara.

Mais le nombre des provinces qui sont favorables aux femmes est plus grand et l'écart qui sépare les deux moyennes plus considérable. Ainsi les décès masculins sont plus fréquents de 2.2 p. °°/₀₀ dans la Coruña ; de 2.6 dans Málaga, Oviedo et Viscaya, de 2.9 dans Córdoba ; de 3.0 dans Pontevedra et de 3.3 dans Santander.

On remarquera, qu'en général, dans les provinces du Nord, la mortalité des filles est relativement moins élevée que celle des garçons.

Sur 1,000 habitants âgés de 21 à 25 ans, combien de décès annuels?

PROVINCES	SEXE masc.	SEXE fém.	PROVINCES	SEXE masc.	SEXE fém.
Alava	16.0	17.8	Lérida	12.3	13.0
Albacete	11.9	14.0	Logroño	12.1	11.2
Alicante	9.0	9.5	Lugo	9.2	6.7
Almería	12.0	9.4	Madrid	10.6	16.6
Avila	9.8	11.6	Málaga	12.7	10.7
Badajoz	9.7	11.0	Múrcia	11.3	9.6
Baleáres	7.4	9.1	Navarra	16.0	13.2
Barcelona	13.4	13.9	Orense	9.4	7.2
Búrgos	10.3	12.1	Oviedo	11.2	6.5
Cáceres	10.1	11.4	Paléncia	21.9	18.9
Cádiz	13.0	12.7	Pontevedra	10.8	6.6
Canárias	8.6	6.5	Salamanca	11.0	10.8
Castellon	11.8	11.4	Santander	13.9	9.1
Ciudad-Real	17.8	13.3	Segóvia	12.5	12.1
Córdoba	14.6	11.9	Sevilla	13.2	12.1
Coruña	11.5	5.8	Sória	10.0	11.7
Cuenca	13.5	14.1	Tarragona	10.6	10.5
Gerona	10.7	10.4	Teruel	11.1	12.5
Granada	12.3	11.7	Toledo	10.7	12.6
Guadalajara	10.9	13.3	Valéncia	14.5	15.5
Guipúzcoa	12.3	12.8	Valladolid	18.3	13.7
Huelva	12.4	10.6	Vizcaya	15.9	9.5
Huesca	12.6	11.9	Zamora	15.2	12.5
Jaén	13.2	12.2	Zaragoza	16.9	13.2
Leon	12.1	9.9			

Mortalité des hommes de 21 à 26 ans, comparée à celle des femmes du même âge.

Un petit nombre de provinces présente, de 21 à 25 ans, une mortalité masculine inférieure à la mortalité féminine ; et la différence entre les deux proportions est peu considérable, excepté toutefois pour Albacete et Guadalajara où elle est de 2 p. °°/₀₀ et pour Madrid de 6. Dans toutes les autres provinces, telles que Alava, Avila, Búrgos, Baleáres, Sória, Toledo, la différence n'est que de 1.7 à 1.9 pour °°/₀₀.

Les provinces où la mortalité féminine est sensiblement moins grande que la mortalité masculine sont au nombre de dix-huit et l'écart des deux moyennes est assez marqué, il est de 2 p. °°/₀₀ pour les provinces de Almería, Canárias et Zamora ; de 3 pour celles de Paléncia et Zaragoza ; de 4 pour celles de Ciudad-Real, Oviedo, Pontevedra, Santander, Valladolid ; de 5 pour Coruña, enfin de 6 pour Viscaya.

La distribution géographique des diverses provinces où l'intensité de la mortalité varie avec le sexe, est assez curieuse. C'est ainsi que le groupe de provinces borné au nord par le golfe de Gascogne, à l'ouest par l'Océan, au sud par les frontières portugaises et le Douro, à l'est par les provinces de Segóvia, de Búrgos et de Viscaya présentent toutes une mortalité féminine notamment inférieure à la mortalité masculine, et, d'autre part, les provinces où les femmes meurent proportionnellement plus que les hommes forment également un groupe, situé au centre, et occupant tout le bassin du Tage et la partie ouest de celui du Douro.

Sur 1,000 habitants âgés de 26 à 30 ans, combien de décès annuels?

PROVINCES	SEXE		PROVINCES	SEXE	
	masc.	fém.		masc.	fém.
Alava	7.1	9.6	Lérida	9.2	11.4
Albacete	8,9	10.1	Logroño	10.4	9.2
Alicante	8.6	10.1	Lugo	8.7	6.2
Almería	9.6	9.7	Madrid	12.6	14.3
Avila	10.6	12.7	Málaga	8.2	8.1
Badajoz	9.4	10.4	Múrcia	9.2	10.1
Baleáres	11.7	10.9	Navarra	10.8	10.7
Barcelona	9.2	9.0	Orense	9.8	7.4
Búrgos	10.4	10.4	Oviedo	9.3	6.6
Cáceres	11.4	11.3	Paléncia	17.9	15.3
Cádiz	11.6	10.9	Pontevedra	9.3	6.0
Canárias	6.3	5.9	Salamanca	10.7	11.5
Castellon	9.3	9.8	Santander	9.4	8.2
Ciudad-Real	9.5	10.2	Segóvia	12 8	14.4
Córdoba	9.0	7.7	Sevilla	8.6	9.6
Coruña	9.4	5.9	Sória	10.2	11.7
Cuenca	9.5	10.6	Tarragona	6.5	9.0
Gerona	7.7	9.3	Teruel	9.5	10.3
Granada	9.7	9.6	Toledo	9.8	12.3
Guadalajara	9.9	10.3	Valéncia	12.1	13.2
Guipúzcoa	9.7	9.7	Valladolid	13.4	15.1
Huelva	11.2	9.2	Vizcaya	10.1	8.0
Huesca	11.7	11.8	Zamora	10.1	12.8
Jaén	10.3	9.3	Zaragoza	12.5	12.0
Leon	10.4	9.7			

Mortalité des hommes de 26 à 30 ans, comparée à celle des femmes du même âge.

La mortalité générale des hommes et des femmes a baissé pour cette période, d'environ 2 p. °°/₀₀ sur la précédente et les écarts assez sensibles qui, pour les sujets de 21 à 25 ans, séparaient les moyennes de chaque sexe, se sont amoindris ; mais ce sont toujours les mêmes provinces qui présentent les mêmes phénomènes. Dans l'ancienne Galice et les provinces situées sur le versant du golfe de Gascogne, la mortalité des filles continue à être plus faible que celles des garçons, de 1.2 p. °°/₀₀ pour Santander ; 2.1 pour Viscaya ; 2.4 pour Orense ; 2.5 pour Lugo ; 2.6 pour Paléncia ; 2.7 pour Oviedo ; 3.3 pour Pontevedra et 3.5 pour Coruña.

La moyenne de la mortalité féminine dépasse la masculine dans Alicante et Sória de 1.5 p. °°/₀₀ ; Segóvia et Gerona de 1.6 ; Madrid de 1.7 ; Valladolid 1.8 ; Avila 2.1 ; Alava, Tarragona, Toledo 2.5 ; Zamora 2.7.

C'est dans l'Estramadure et l'Andalousie que l'égalité des moyennes est la plus marquée.

Sur 1,000 habitants âgés de 31 à 40 ans, combien de décès annuels?

PROVINCES	SEXE masc.	SEXE fém.	PROVINCES	SEXE masc.	SEXE fém.
Alava	8.5	10.9	Lérida	13.9	16.1
Albacete	12.2	14.9	Logrono	12.1	12.8
Alicante	12.4	13.2	Lugo	9.0	10.0
Almería	14.1	12.5	Madrid	16.9	17.1
Avila	12.4	15.7	Málaga	10.3	10.8
Badajoz	11.3	12.3	Múrcia	13.2	14.5
Baleáres	13.5	14.3	Navarra	14.3	11.8
Barcelona	13.1	16.1	Orense	11.0	12.1
Búrgos	11.5	12.8	Oviedo	9.3	9.3
Cáceres	11.7	11.7	Paléncia	13.9	15.9
Cádiz	13.6	12.2	Pontevedra	11.5	9.4
Canárias	7.4	8.4	Salamanca	11.4	12.5
Castellon	13.0	14.3	Santander	13.6	13.4
Ciudad-Real	11.6	11.3	Segóvia	13.8	15.4
Córdoba	10.4	9.8	Sevilla	11.1	10.9
Coruña	11.1	9.1	Sória	11.2	14.5
Cuenca	11.9	15.2	Tarragona	10.8	12.3
Gerona	10.9	13.0	Teruel	12.4	14.2
Granada	12.3	12.7	Toledo	11.1	14.1
Guadalajara	12.8	14.2	Valéncia	17.6	19.6
Guipúzcoa	10.4	11.7	Valladolid	16.6	18.0
Huelva	13.4	12.6	Vizcaya	11.2	10.3
Huesca	13.4	15.8	Zamora	15.0	15.7
Jaén	13.2	12.5	Zaragoza	16.3	16.9
Leon	13.1	13.8			

Mortalité des hommes de 31 à 40 ans, comparée à celle des femmes du même âge.

L'étude comparative de l'intensité de la mortalité dans les deux sexes est des plus instructive pour cette période et les conclusions en sont très-nettes : de 31 à 40 ans, les femmes meurent plus, proportionnellement, que les hommes. Le même fait avait été également observé de 11 à 15 ans et il est bon de remarquer que ces deux périodes correspondent, en Espagne du moins, à ces deux époques si importantes dans la vie des femmes, la puberté et la ménopause.

Les provinces où la mortalité féminine est sensiblement plus élevée que la mortalité masculine sont Cuenca, Sória, Avila, où la différence est de 3.3 p. °°/₀₀. Toledo, Barcelona 3.0 ; Albacete 2.7 ; Alava et Huesca 2.4 ; Lérida, 2.2 ; Gerona 2.1 ; Valéncia, Paléncia 2.0 ; Teruel 1.8 ; Segóvia 1.6 ; Tarragona 1.5 ; Valladolid, Guadalajara 1.4 ; Búrgos, Castellon, Guipúzcoa, Múrcia 1.3 ; Salamanca, Orense 1.1 ; Badajoz et Lugo 1.0 et un grand nombre d'autres où la différence ne dépasse pas 0.9 p. °°/₀₀.

Les provinces où la mortalité masculine est supérieure à la mortalité féminine sont peu nombreuses et l'écart qui sépare les moyennes, généralement insignifiant, ne mérite d'être cité que pour la Navarra où il atteint 2.5 p. °°/₀₀ ; Coruña 2.0 ; Pontevedra 2.1 ; Almería 1,6 ; et Cádiz où il est de 1.4.

Sur 1,000 habitants âgés de 41 à 50 ans, combien de décès annuels?

PROVINCES	SEXE masc.	SEXE fém.	PROVINCES	SEXE masc.	SEXE fém.
Alava	19.6	15.8	Lérida	20.0	22.8
Albacete	22.0	21.4	Logrono	24.4	19.3
Alicante	19.1	16.7	Lugo	15.5	15.8
Almería	23.6	17.4	Madrid	33.4	28.0
Avila	25.3	23.7	Málaga	20.4	16.4
Badajoz	24.4	21.7	Múrcia	20.9	17.7
Baleáres	15.3	17.3	Navarra	24.5	17.1
Barcelona	20.2	21.9	Orense	17.9	19.0
Búrgos	21.7	19.8	Oviedo	15.8	13.8
Cáceres	26.5	26.1	Paléncia	25.8	23.2
Cádiz	24.4	22.1	Pontevedra	16.5	14.0
Canárias	14.3	12.7	Salamanca	22.8	21.7
Castellon	22.3	18.6	Santander	19.8	18.8
Ciudad-Real	23.4	19.0	Segóvia	25.0	25.2
Córdoba	21.5	15.8	Sevilla	20.9	16.3
Coruña	17.6	13.0	Sória	22.5	20.1
Cuenca	21.6	21.4	Tarragona	19.1	18.1
Gerona	15.4	15.8	Teruel	24.9	21.9
Granada	23.2	19.6	Toledo	23.2	22.4
Guadalajara	26.4	23.6	Valéncia	28.3	24.8
Guipúzcoa	15.2	14.5	Valladolid	32.5	29.1
Huelva	26.0	18.8	Vizcaya	18.0	15.1
Huesca	25.1	23.6	Zamora	30.8	25.5
Jaén	26.8	19.7	Zaragoza	30.2	26.0
Leon	23.4	23.0			

Mortalité des hommes de 41 à 50 ans, comparée à celle des femmes du même âge.

Sur 49 provinces que comprend le Royaume d'Espagne, 36 présentent une mortalité masculine supérieure d'au moins 1 p. °°/₀₀ à la mortalité féminine et 4 seulement où elle soit inférieure. On peut donc en conclure que, de 41 à 50 ans, la mort frappe plus les hommes que les femmes ; on se souvient que c'était le contraire qui avait lieu dans la période précédente.

Parmi les provinces qui présentent un excédant proportionnel des décès masculins sur les décès féminins, il faut citer : Navarra, 7.4 °°/₀₀ ; Huelva 7.2 ; Jaén 7.1 ; Almeria 6.2 ; Córdoba 5.7 ; Madrid 5.4 ; Zamora 5.3 ; Logroño, 5.1 ; Coruña, Sevilla 4.6 ; Ciudad-Real 4.4 ; Zaragoza, 4.2 ; Málaga 4.0 ; Alava 3.8 ; Castellon 3.7 ; Granada 3.6 ; Valéncia 3.5 ; Valladolid 3.4 ; Múrcia 3.2 ; Teruel 3.0 ; Vizcaya 2.9 ; Guadalajara 2.8 ; Badajoz, 2.7 ; Paléncia 2.6 ; Pontevedra 2.5 ; Sória, Alicante 2.4 ; Cádiz 2.3 ; Oviedo 2.0 ; Búrgos 1.9 ; Avila, Canárias 1.6 ; Huesca 1.5 ; Salamanca 1.1 ; Santander, Tarragona 1.0.

Les quatre provinces où la mortalité féminine dépasse la mortalité masculine sont : Lérida avec un excédant de 2.8 p. °°/₀₀ ; Baleáres 2.0 ; Barcelona 1.7 ; Orense 1.1.

Sur 1,000 habitants âgés de 51 à 60 ans, combien de décès annuels?

PROVINCES	SEXE		PROVINCES	SEXE	
	masc.	fém.		masc.	fém.
Alava	26.6	24.0	Lérida	32.3	36.9
Albacete	38.3	35.2	Logrono	41.6	32.5
Alicante	31.7	26.8	Lugo	26.4	25.0
Almería	39.7	28.0	Madrid	53.0	42.2
Avila	47.7	42.4	Málaga	31.1	22.2
Badajoz	38.1	29.7	Múrcia	40.4	28.9
Baleáres	25.8	23.6	Navarra	32.2	24.3
Barcelona	32.8	33.1	Orense	32.3	30.5
Búrgos	33.9	32.4	Oviedo	25.4	22.9
Cáceres	47.5	34.6	Paléncia	52.8	45.4
Cádiz	36.6	23.3	Pontevedra	23.6	21.9
Canárias	21.2	18.7	Salamanca	42.2	34.4
Castellon	35.2	31.2	Santander	31.7	26.0
Ciudad-Real	43.3	33.9	Segóvia	58.6	50.9
Córdoba	34.7	25.8	Sevilla	30.9	23.4
Coruña	27.6	22.7	Sória	41.5	34.6
Cuenca	36.8	33.5	Tarragona	28.7	26.6
Gerona	27.9	29.1	Teruel	33.0	31.4
Granada	39.1	31.5	Toledo	41.8	35.2
Guadalajara	46.6	37.1	Valéncia	41.8	33.9
Guipúzcoa	22.1	20.0	Valladolid	63.6	51.0
Huelva	37.5	26.5	Vizcaya	25.6	21.2
Huesca	34.2	33.4	Zamora	52.4	45.1
Jaén	38.9	28.8	Zaragoza	43.9	36.7
Leon	46.5	39.4			

Mortalité des hommes de 51 à 60 ans, comparée à celle des femmes du même âge.

Le tribut payé à la mort est relativement bien plus grand pour les hommes de 51 à 60 ans que pour les femmes du même âge, et la différence est de près de 6 p. °°/°°.

Voici quelles sont les provinces où l'écart est maximum : Cádiz 13.3 ; Cáceres 12.9 ; Valladolid 12.6 ; Almería 11.7 ; Múrcia 11.5 ; Huelva 11.0 ; Madrid 10.8 ; Jaén 10.1 ; Guadalajara 9.5 ; Ciudad-Real 9,4 ; Logroño 9.1 ; Córdoba, Málaga 8.9 ; Badajoz 8.4 ; Navarra, Valéncia 7.9 ; Salamanca 7.8 ; Segóvia 7.7 ; Granada 7.6 ; Sevilla 7.5; Paléncia 7.4; Zamora 7.3; Zaragoza 7.2; Leon 7.1; Sória 6.9; Toledo 6.6; Santander 5.7; Avila 5.3; Alicante Coruña 4.9 ; Vizcaya 4.4 ; Castellon 4.0 ; Cuenca 3.3 ; Albacete 3.1 ; puis vient un grand nombre de provinces qui ne présentent qu'une légère différence dans leurs moyennes.

Il est à remarquer que pas une seule des provinces situées au nord, sur le versant Océanien, ne figure parmi celles où les différences de mortalité entre les sexes sont très-accusées. Par contre, ce sont les trois provinces formées de la Catalogne qui, seules, présentent une mortalité féminine supérieure à la masculine, peu importante, en général, mais qui pour Lérida atteint cependant 4.6 p. °°/°°.

Sur 1,000 habitants âgés de 61 à 70 ans, combien de décès annuels?

PROVINCES	SEXE		PROVINCES	SEXE	
	masc.	fém.		masc.	fém.
Alava	58.0	62.6	Lérida	74.0	88.4
Albacete	66.2	66.9	Logrono	83.0	70.4
Alicante	70.9	58.8	Lugo	54.0	67.5
Almería	82.8	71.6	Madrid	91.6	75.8
Avila	74.7	72.7	Málaga	68.2	58.5
Badajoz	77.9	66.3	Múrcia	69.5	61.2
Baleáres	49.0	45.6	Navarra	80.9	69.2
Barcelona	68.2	76.7	Orense	70.8	91.3
Búrgos	59.1	58.5	Oviedo	46.1	47.4
Cáceres	85.4	68.6	Paléncia	62.7	61.0
Cádiz	78.4	62.7	Pontevedra	44.6	50.3
Canárias	48.3	47.9	Salamanca	64.6	61.2
Castellon	85.0	82.0	Santander	53.7	54.2
Ciudad-Real	67.2	54.9	Segóvia	72.9	73.0
Córdoba	82.6	65.3	Sevilla	73.3	64.1
Coruña	63.4	60.4	Sória	65.8	57.4
Cuenca	64.6	63.0	Tarragona	66.6	66.8
Gerona	70.5	79.3	Teruel	73.0	75.1
Granada	75.3	70.9	Toledo	63.9	53.4
Guadalajara	64.0	70.1	Valéncia	86.3	75.5
Guipúzcoa	57.4	58.2	Valladolid	65.7	63.3
Huelva	80.8	62.4	Vizcaya	56.2	61.6
Huesca	81.3	92.1	Zamora	77.3	76.8
Jaén	79.4	65.4	Zaragoza	81.8	79.4
Leon	74.9	77.9			

Mortalité des hommes de 61 à 70 ans, comparée à celle des femmes du même âge.

Les chances de mortalité pour l'un ou l'autre sexe sont très-différentes selon les provinces que l'on considère.

La mortalité des femmes est plus élevée que celle des hommes de 10.3 p. °°/°° dans la province d'Orense; de 7.1 dans Lérida; de 7.0 dans Guadalajara; de 6.8 dans Lugo; de 5.4 dans Huesca et de 4.4 dans Barcelona et Gerona, etc.

Par contre, la mortalité masculine est supérieure à la mortalité féminine dans les provinces suivantes : Huelva de 9.4 p. °°/°°; Córdoba de 8.7; Cáceres de 8.4; Cádiz 8.0; Madrid de 7.8; Jaén de 6.9; Ciudad-Real et Logroño de 6.2; Alicante de 5.9; Badajoz et Navarra de 5.7; Almeria 5.5; Toledo et Valéncia 5.3; Málaga de 4.8; Sevilla de 4.6; Múrcia de 4.1, etc.

Le nord continue à être favorable aux hommes, tandis que le midi, au contraire, leur est fatal.

Sur 1,000 habitants âgés de 71 à 80 ans, combien de décès annuels?

PROVINCES	SEXE		PROVINCES	SEXE	
	masc.	fém.		masc.	fém.
Alava...........	75.5	76.0	Lérida...........	100.8	115.9
Albacete.........	81.6	77.8	Logroño..........	100.4	102.2
Alicante..........	87.5	76.7	Lugo.............	80.4	92.7
Almería..........	104.7	99.1	Madrid...........	98.4	91.1
Avila	110.4	110.2	Málaga...........	95.3	82.4
Badajoz..........	107.8	88.2	Múrcia...........	80.1	74.0
Baleáres..........	60.6	52.2	Navarra..........	78.9	77.6
Barcelona........	86.9	94.6	Orense...........	100.0	119.0
Búrgos...........	68.1	68.2	Oviedo...........	66.1	69.9
Cáceres..........	118.3	102.6	Paléncia.........	80.1	92.9
Cádiz............	91.8	80.6	Pontevedra.......	72.5	70.6
Canárias..........	53.4	56.0	Salamanca........	108.8	91.7
Castellon.........	109.3	149.0	Santander........	58.8	61.1
Ciudad-Real......	102.2	87.9	Segóvia..........	102.6	104.5
Córdoba..........	106.7	95.0	Sevilla...........	110.3	92.6
Coruña...........	84.2	88.6	Sória............	82.8	90.0
Cuenca...........	98.2	85.6	Tarragona........	81.3	89.5
Gerona...........	76.7	91.1	Teruel...........	106.8	94.6
Granada..........	104.6	91.9	Toledo...........	106.5	91.4
Guadalajara.......	101.0	88.4	Valéncia.........	103.6	91.6
Guipúzcoa........	55.9	61.8	Valladolid........	112.8	89.7
Huelva...........	111.8	92.3	Vizcaya..........	67.0	67.6
Huesca...........	108.8	111.6	Zamora..........	110.5	102.6
Jaén.............	107.9	92.2	Zaragoza.........	105.5	101.8
Leon.............	98.8	108.5			

Mortalité des hommes de 71 à 80 ans, comparée à celle des femmes du même âge.

Les femmes continuent à présenter, en général, une mortalité inférieure à celle des hommes. La différence est même assez grande dans quelques provinces; elle est de 23 p. °°/₀₀ dans celle de Valladolid; de 19 dans Badajoz et Huelva; de 17 dans Salamanca et Sevilla; de 15 dans Toledo, Jaén et Cáceres; de 14 dans Ciudad-Real; de 12 dans Cuenca, Granada, Guadalajara, Málaga, Teruel et Valéncia; de 11 dans Alicante, Cádiz et Córdoba. On remarquera que, à part une ou deux, toutes ces provinces appartiennent au midi de l'Espagne, et on va voir que celles où la mortalité féminine est plus élevée que la masculine sont presque toutes au nord. Ainsi, les décès féminins l'emportent sur les décès masculins de 39 p. °°/₀₀ dans la province de Castellon; de 19 dans Orense; de 15 dans Lérida; de 14 dans Gerona; de 12 dans Paléncia et Lugo; de 10 dans Leon; de 8 dans Tarragona; de 7 dans Sória et Barcelona et dans quelques autres, telles que Coruña, Guipúzcoa, Oviedo, Huesca, Logroño, Santander, Segóvia, de 2 à 5 p. °°/₀₀ seulement.

Il n'y a que dans les provinces d'Avila, de Búrgos et de Vizcaya, que les chances de mortalité soient égales pour l'un et l'autre sexe.

Sur 1,000 habitants âgés de 81 à 85 ans, combien de décès annuels?

PROVINCES	SEXE masc.	SEXE fém.	PROVINCES	SEXE masc.	SEXE fém.
Alava	385.5	343.4	Lérida	262.6	359.6
Albacete	298.5	395.6	Logroño	407.7	445.3
Alicante	374.7	354.6	Lugo	311.6	358.9
Almería	363.2	444.4	Madrid	426.2	297.3
Avila	301.8	388.8	Málaga	395.9	361.6
Badajoz	415.9	412.5	Múrcia	305.2	330.2
Baleáres	286.7	278.6	Navarra	300.3	311.4
Barcelona	927.8	384.8	Orense	312.2	346.3
Búrgos	281.5	284.7	Oviedo	267.1	303.1
Cáceres	496.0	413.7	Paléncia	330.9	325.9
Cádiz	294.1	338.6	Pontevedra	283.8	356.3
Canárias	229.2	250.6	Salamanca	340.5	354.0
Castellon	404.6	333.3	Santander	242.8	261.8
Ciudad-Real	314.8	352.2	Segóvia	364.8	313.9
Córdoba	371.7	373.3	Sevilla	353.0	377.5
Coruña	289.4	381.0	Sória	393.2	397.8
Cuenca	355.6	334.7	Tarragona	326.0	370.0
Gerona	309.8	395.4	Teruel	380.3	379.7
Granada	349.3	291.1	Toledo	376.0	352.2
Guadalajara	227.5	305.1	Valéncia	368.6	415.2
Guipúzcoa	261.5	275.3	Valladolid	387.0	328.0
Huelva	308.8	327.1	Vizcaya	301.9	330.5
Huesca	299.5	351.8	Zamora	248.6	254.9
Jaén	365.5	365.1	Zaragoza	234.7	326.7
Leon	318.8	316.0			

Mortalité des hommes de 81 à 85 ans, comparée à celle des femmes du même âge.

La mortalité du sexe féminin n'est cette fois inférieure à celle du sexe masculin que dans les provinces suivantes: Elle est de 20 p. °°/₀₀ dans Alicante, Cuenca; de 23 dans Toledo; de 27 dans Pontevedra; de 35 dans Málaga; de 42 dans Alava; de 46 dans Valéncia; de 51 dans Segóvia; de 59 dans Valladolid; de 71 dans Castellon; de 82 dans Cáceres; de 129 dans Madrid.

Les provinces où la mortalité des femmes est supérieure à celle des hommes sont beaucoup plus nombreuses. L'écart entre les moyennes est de 20 à 30 p. °°/₀₀ dans Canárias, Sevilla, Múrcia, Vizcaya; de 30 à 40 dans Orense, Logroño, Oviedo, Ciudad-Real; de 40 à 50 dans Granada, Cádiz, Lugo, Tarragona; de 52 dans Huesca; de 77 dans Guadalajara; de 81 dans Almería; de 85 dans Gerona et de 87 dans Avila.

Il faut remarquer que certaines provinces, telles que Sevilla, Ciudad-Real, Granada, Guadalajara, Cádiz, qui accusent de 81 à 85 ans une mortalité féminine plus élevée que la mortalité masculine, présentaient le fait contraire pour la période précédente et que, par conséquent, la transition d'une période à l'autre a été très-fatale au sexe féminin. Le même phénomène, moins accentué cependant, s'est passé pour le sexe masculin dans les provinces d'Orense, Barcelona, Segóvia, Coruña, Leon et Lérida qui, de 71 à 80 ans, présentaient une mortalité masculine inférieure à la mortalité féminine tandis que de 81 à 85 ans elle lui est supérieure.

Sur 1,000 habitants âgés de 86 à 90 ans, combien de décès annuels?

PROVINCES	SEXE masc.	SEXE fém.	PROVINCES	SEXE masc.	SEXE fém.
Alava	388.8	478.2	Lérida	200.0	275.8
Albacete	417.9	425.9	Logroño	368.4	348.8
Alicante	350.0	373.7	Lugo	263.1	329.7
Almería	423.8	419.5	Madrid	560.9	447.0
Avila	384.6	325.0	Málaga	325.1	308.5
Badajoz	413.0	422.7	Múrcia	339.7	337.6
Baleáres	340.4	285.7	Navarra	360.0	295.6
Barcelona	282.9	364.9	Orense	267.8	278.8
Búrgos	468.7	337.3	Oviedo	280.4	287.5
Cáceres	304.3	465.7	Paléncia	?	531.2
Cádiz	346.4	312.2	Pontevedra	435.8	373.7
Canárias	248.4	239.6	Salamanca	396.8	454.5
Castellon	454.5	363.6	Santander	285.7	267.2
Ciudad-Real	326.5	440.3	Segóvia	500.0	218.7
Córdoba	386.7	349.7	Sevilla	383.4	356.6
Coruña	327.6	310.0	Sória	681.8	375.0
Cuenca	396.8	298.9	Tarragona	367.3	402.9
Gerona	376.0	377.7	Teruel	446.8	500.0
Granada	368.0	314.1	Toledo	629.6	520.8
Guadalajara	325.0	203.7	Valéncia	393.7	341.5
Guipúzcoa	375.0	353.4	Valladolid	272.7	269.2
Huelva	340.0	363.6	Vizcaya	518.5	280.7
Huesca	426.2	350.8	Zamora	220.0	194.8
Jaén	467.5	397.0	Zaragoza	328.5	327.4
Leon	375.0	372.5			

Mortalité des hommes de 86 à 90 ans, comparée à celle des femmes du même âge.

Les deux tiers au moins des provinces ont une mortalité féminine moins élevée que la mortalité masculine et la différence des moyennes est souvent très-considérable. Elle est de 20 à 30 p. °°/°° dans Guadalajara, Guipúzcoa, Sevilla et Zamora ; de 30 à 40 dans Cádiz, Córdoba et Lugo ; de 43 dans Almería ; de 50 à 60 dans Valéncia, Baleáres, Ávila ; de 60 à 70 dans Navarra, Pontevedra ; de 70 à 80 dans Huesca, Jaén ; de 90 dans Castellon ; de 108 dans Toledo ; de 114 dans Madrid ; de 131 dans Búrgos ; de 238 dans Vizcaya ; de 281 dans Segóvia, et atteint 309 dans Sória !

Les provinces où les décès féminins l'emportent sur les masculins sont peu nombreuses et les écarts moins considérables en général que ceux que j'ai signalés plus haut. Alicante et Huelva présentent une différence de 23 p. °°/°° ; Tarragona de 36 ; Salamanca de 58 ; Lérida de 75 ; Barcelona de 82 ; Alava de 89 ; Ciudad-Real de 114 ; et Cáceres de 161.

Sur 1,000 enfants âgés de moins de 1 an, combien de décès annuels (sexe masculin)?

1re CATÉGORIE —		2e CATÉGORIE de 185 à 249		3e CATÉGORIE de 250 à 314		4e CATÉGORIE de 315 à 379		5e CATÉGORIE de 380 à 444	
Pontevedra	107.5	Lugo	185.1	Tarragona	252.1	Granada	319.1	Avila	398.7
Oviedo	154.5	Albacete	186.5	Orense	252.5	Geroña	320.5	Leon	398.9
		Guipúzcoa	191.4	Alava	259.1	Valéncia	325.6	Sória	404.7
		Vizcaya	192.4	Lérida	264.5	Sevilla	325.9	Madrid	422.5
		Canárias	207.7	Huelva	277.6	Segóvia	326.4	Cáceres	441.1
		Baleáres	213.4	Salamanca	289.3	Zamora	331.8	Ciudad-Real	443.3
		Navarra	232.4	Barcelona	290.7	Jaén	332.8		
		Coruña	235.4	Castellon	291.5	Alicante	336.8		
		Santander	241.2	Huesca	293.2	Teruel	337.8		
				Paléncia	294.7	Múrcia	340.0		
				Búrgos	303.2	Badajoz	340.5		
						Valladolid	342.7		
						Cuenca	343.3		
						Almería	347.8		
						Córdoba	349.7		
						Logroño	350.8		
						Málaga	352.2		
						Cádiz	363.3		
						Zaragoza	369.6		
						Guadalajara	369.8		
						Toledo	373.8		

Mortalité de 0 à 1 an

Classement des provinces par catégories

Sexe masculin

J'ai insisté déjà, à différentes reprises, sur l'intensité de la mortalité des enfants de moins de un an et des garçons en particulier ; le tableau précédent montre que c'est dans le nord, et principalement le nord-ouest, que la mortalité est la moins élevée ; dans le sud et le centre qu'elle l'est le plus. Des 22 provinces, en effet, qui composent les trois premières catégories, 4 seulement, Canárias, Baleáres, Albacete et Huelva, appartiennent à la partie méridionale de l'Espagne et des six provinces qui forment la 5e catégorie, 4 sont placées tout-à-fait au centre.

Les différences sont quelquefois très-sensibles entre des provinces limitrophes. Si on considère l'ouest, par exemple, on voit la province de Leon présenter une mortalité double de celles d'Oviedo et de Lugo qui lui sont voisines ; de même entre Orense, Coruña et Pontevedra ; Albacete, Córdoba, Jaén et Ciudad-Real ; Cáceres et Badajoz ; et dans beaucoup d'autres, la différence est du tiers.

Si le tableau des causes de décès avait été publié, il est probable qu'on aurait trouvé, dans certaines épidémies locales, l'explication de ces différences si notables dans la mortalité d'une même région.

NOTA. — J'ai partagé les 49 provinces Espagnoles en cinq catégories, selon l'intensité de la mortalité accusée par les moyennes, afin de mieux fixer, dans l'esprit, le rang occupé par chacune d'elles dans le bataillon de la mort. Cette division en cinq groupes, répond à cette pensée, d'avoir deux groupes où je placerais les moyennes extrêmes, un troisième qui contiendrait les provinces dont la moyenne serait assez voisine de la moyenne générale, enfin

Sur 1,000 enfants âgés de moins de 1 an, combien de décès annuels (sexe féminin)?

1re CATÉGORIE de 139 à 182		2e CATÉGORIE de 183 à 225		3e CATÉGORIE de 226 à 268		4e CATÉGORIE de 269 à 311		5e CATÉGORIE de 312 à 356	
Oviedo.....	139.4	Baleáres....	186.4	Huelva.....	234.3	Valéncia....	272.0	Sória.......	317.4
Pontevedra.	152.1	Coruña.....	192.5	Lérida	237.8	Albacete....	272.4	Ciudad-Real	318.8
Vizcaya.....	153.1	Santander..	194.9	Alicante....	243.2	Teruel......	276.9	Guadalajara.	322.3
Guipúzcoa..	159.5	Orense.....	195.3	Salamanca..	247.8	Gerona.....	277.8	Zaragoza....	323.3
Lugo.......	171.5	Navarra....	196.1	Búrgos.....	251.1	Zamora.....	278.5	Toledo	330.5
Huesca.....	173.7	Alava......	211.6	Barcelona...	253.8	Paléncia....	279.9	Avila.......	335.0
		Tarragona..	223.6	Castellon...	255.0	Sevilla......	282.3	Segóvia.....	342.9
						Córdoba....	282.9	Madrid.....	346.0
						Logroño....	283.2	Cáceres.....	356.1
						Jaén.......	284.6		
						Canárias....	288.8		
						Múrcia.....	291.6		
						Granada....	291.6		
						Valladolid..	294.9		
						Cuenca.....	297.5		
						Badajoz.....	298.3		
						Leon.......	302.5		
						Málaga.....	305.3		
						Almería....	305.3		
						Cádiz.......	307.5		

Mortalité de 0 à 1 an

Classement des provinces par catégories

Sexe féminin

La mortalité des filles, âgées de moins de un an, est, comme pour celle des garçons du même âge, moins grande au nord qu'au midi. Les deux premières catégories sont formées uniquement des provinces septentrionales et c'est principalement sur le littoral de l'Océan Atlantique que la mortalité est la moins élevée. Les provinces du centre sont très-maltraitées et appartiennent toutes à la cinquième catégorie.

La province de Leon présente une mortalité beaucoup plus élevée que celle des provinces voisines, la différence est d'un tiers environ pour Lugo et Orense, et du double pour Oviedo. Les provinces de Zaragoza et de Teruel présentent aussi une mortalité double de celle de Huesca.

deux autres groupes, intermédiaires entre les extrêmes et la catégorie moyenne : voici comment je procède pour cela. Je divise par 5 la différence qui sépare la moyenne minimum de la moyenne maximum et je prends le quotient obtenu comme raison d'une progression arithmétique dont le premier terme est la moyenne minimum. Cette méthode est très-simple à appliquer lorsque le fait s'accomplit régulièrement; mais lorsqu'il y a des intervalles considérables entre les moyennes rangées par ordre numérique, elle doit être modifiée. On fait alors une catégorie à part de la province ou des provinces dont les moyennes sont très-éloignées de celles qui viennent immédiatement avant ou immédiatement après. Puis pour former les autres catégories, on divise par 4 ou par 3 l'intervalle qui sépare les moyennes extrêmes des provinces où le fait se passe régulièrement, selon qu'on a à former 4 ou 3 catégories. Cette manière de faire, qui semble au premier abord arbitraire, me paraît au contraire très-rationnelle. En effet, si le phénomène observé se passe régulièrement, la troisième catégorie contiendra toujours le plus grand nombre des provinces et sera bien la catégorie moyenne; si le phénomène est irrégulier et présente des soubresauts considérables dans la suite naturelle des moyennes de chaque province, il arrivera que ce sera tantôt une catégorie, tantôt une autre qui contiendra le plus grand nombre de provinces et on s'expliquera ainsi le phénomène en disant : en mettant de côté telle et telle province où le fait se passe d'une façon exagérée, la véritable moyenne de la mortalité à l'âge que l'on considère est parfaitement représentée par cette catégorie qui contient précisément le plus grand nombre de provinces.

Sur 1,000 enfants âgés de 1 à 5 ans, combien de décès annuels (sexe masculin)?

1re CATÉGORIE	2e CATÉGORIE	3e CATÉGORIE	4e CATÉGORIE	5e CATÉGORIE
de 23 à 41	de 42 à 60	de 61 à 78	de 79 à 96	—
Pontevedra.. 23.9	Vizcaya...... 45.7	Navarra..... 64.0	Toledo...... 79.1	Madrid..... 115.0
Oviedo...... 26.3	Orense...... 51.7	Sória....... 69.3	Jaén........ 79.5	
Lugo........ 31.8	Santander... 55.1	Alava....... 69.5	Ciudad-Real. 80.2	
Canárias..... 35.7	Baleáres..... 55.4	Múrcia...... 70.9	Sevilla...... 80.3	
Guipúzcoa... 37.2	Huelva...... 56.4	Leon........ 71.8	Logroño..... 81.6	
Coruña...... 44.1		Tarragona... 72.8	Cádiz....... 81.9	
		Barcelona... 73.5	Gerona...... 82.1	
		Salamanca... 74.4	Guadalajara.. 82.2	
		Segóvia..... 75.1	Castellon.... 82.4	
		Almería..... 76.0	Lérida...... 83.1	
		Alicante..... 77.2	Cuenca...... 84.5	
		Avila....... 77.2	Huesca...... 87.0	
		Zamora..... 77.7	Córdoba..... 87.5	
			Valéncia..... 87.6	
			Teruel...... 87.8	
			Búrgos...... 88.4	
			Málaga...... 88.8	
			Badajoz..... 89.1	
			Cáceres..... 89.3	
			Albacete..... 89.7	
			Granada..... 90.3	
			Valladolid... 92.7	
			Zaragoza.... 93.5	
			Paléncia..... 95.8	

Mortalité de 1 à 5 ans.

Classement des provinces par catégories.

Sexe masculin.

On voit d'après le tableau de la page précédente combien la mortalité varie d'intensité selon les provinces qu'on considère. La différence en effet entre la moyenne maximum et la moyenne minimum, est de plus de 9 p. °/₀.

Le versant Océanien continue à présenter une mortalité très-faible ; et le midi s'est relativement amélioré. La province de Madrid a une moyenne tellement différente des autres que j'ai dû la placer dans une catégorie à part ; il est fort probable que c'est surtout à la capitale qu'il faut attribuer cette mortalité si considérable.

On voit également que les deux premières catégories renferment fort peu de provinces, tandis que les deux suivantes et surtout la quatrième en contiennent beaucoup plus, tout en étant formées de la même raison arithmétique. Or, il est évident que pour les garçons de 1 à 5 ans, la vraie proportion de la mortalité, est plus élevée que celle fournie par les calculs généraux que j'ai donnée page 23 (73, 48 p. °°/₀₀) ; car sur 49 provinces, 31 ont une moyenne plus élevée que la moyenne générale. Ce fait justifie ma méthode de formation des catégories et confirme ce que je disais dans ma note de la page 77, à savoir que la catégorie qui contient le plus grand nombre de provinces est bien celle qui représente la *vraie mortalité moyenne* et que cette catégorie n'est pas toujours et nécessairement la troisième.

Sur 1,000 enfants âgés de 1 à 5 ans, combien de décès annuels (sexe féminin)?

1re CATÉGORIE de 23 à 41		2e CATÉGORIE de 42 à 58		3e CATÉGORIE de 59 à 74		4e CATÉGORIE de 75 à 92		5e CATÉGORIE de 93 à 110	
Oviedo......	23.7	Orense......	45.3	Navarra.....	62.5	Zamora......	75.2	Logroño....	94.4
Pontevedra..	24.4	Vizcaya......	45.9	Leon........	65.4	Cádiz.......	75.9	Cáceres....	101.8
Lugo........	31.0	Santander...	52.9	Sória.......	65.4	Castellon....	77.1	Madrid.....	110.4
Guipúzcoa...	35.5	Baleáres.....	53.4	Cuenca......	66.9	Almeria.....	77.5		
Canárias.....	38.1	Huelva......	54.9	Alava.......	69.0	Segóvia.....	77.9		
Coruña......	38.7			Alicante.....	69.9	Lérida......	78.5		
				Múrcia......	70.4	Jaén........	78.8		
				Tarragona...	71.4	Avila........	78.9		
				Toledo......	73.0	Córdoba.....	78.9		
				Salamanca...	73.2	Gerona......	79.7		
				Barcelona ...	73.3	Búrgos......	82.7		
				Ciudad-Real.	73.9	Guadalajara..	83.0		
				Sevilla......	73.9	Teruel......	84.5		
						Málaga......	85.3		
						Albacete.....	85.7		
						Valéncia.....	86.0		
						Granada.....	86.6		
						Huesca......	87.2		
						Badajoz.....	87.9		
						Zaragoza.....	89.9		
						Valladolid...	90.1		
						Paléncia.....	90.5		

Mortalité de 1 à 5 ans.

Classement des provinces par catégories.

Sexe féminin.

Comme pour le sexe masculin, c'est sur le versant océanien qu'en rencontre les provinces à mortalité minimum, et il est curieux de remarquer avec quelle gradation la mortalité augmente à mesure qu'on s'en éloigne. Guipúzcoa, par exemple, a pour moyenne 35.5, Alava qui la borne au sud a 69.0 enfin Logroño qui est immédiatement au-dessous de cette dernière a 94.4 ; de même pour Oviedo qui a une moyenne de 23.7, tandis que Leon à 65.4 et Zamora 75.2 ; Viscaya a une mortalité de près du double de celle de Búrgos qui est placée au-dessous ; Santander et Paléncia, Pontevedra et Orense, présentent également le même phénomène.

Toledo, Cuenca, Ciudad-Real, Salamanca et Sória sont les seules provinces du centre qui n'appartiennent pas aux deux dernières catégories.

Huelva continue à avoir une faible mortalité ; elle est inférieure d'un tiers à celle de Badajoz qui lui est voisine. D'une manière générale, le midi s'est relativement amélioré, tandis que les hauts et froids plateaux de la Castille ont fait sentir leurs funestes influences.

Sur 1,000 enfants âgés de 6 à 10 ans, combien de décès annuels (sexe masculin)?

1re CATÉGORIE de 6.5 à 8.9		2e CATÉGORIE de 9 à 11.9		3e CATÉGORIE de 12 à 14.4		4e CATÉGORIE de 14.5 à 17.2		5e CATÉGORIE —	
Vizcaya	6.5	Albacete	9.1	Búrgos	12.0	Guadalajara	15.3	Madrid	20.2
Canárias	6.7	Huelva	9.5	Navarra	12.1	Zaragoza	16.7	Paléncia	23.9
Baleáres	7.6	Orense	9.5	Granada	12.5	Huesca	17.2		
Pontevedra	8.0	Alava	9.8	Teruel	12.6				
Ciudad-Real	8.2	Cádiz	9.8	Valladolid	12.6				
Guipúzcoa	8 5	Málaga	10.3	Barcelona	13.0				
Múrcia	8.6	Gerona	10.5	Cuenca	13.2				
Oviedo	8.6	Alicante	10.6	Jaén	13.3				
Almeria	8.7	Avila	10.7	Zamora	13.6				
Lugo	8.8	Cáceres	10.8	Toledo	13.7				
Coruña	8.9	Sevilla	10.9	Castellon	13.7				
		Tarragona	10.9	Logroño	13.8				
		Córdoba	11.2	Valéncia	13.8				
		Sória	11.2	Lérida	13.8				
		Badajoz	11.4	Santander	13.9				
		Salamanca	11.5	Segóvia	14.2				
				Leon	14.3				

Mortalité de 6 à 10 ans

Classement des provinces par catégories

Sexe masculin

Des provinces septentrionales, il n'y a guère que celles situées sur le littoral de l'Atlantique qui appartiennent à la première ou à la seconde catégorie, tandis que dans le midi, toutes les provinces situées au-dessous du Tage et du Jucar, excepté Jaén et Granada, font partie des deux premières. C'est donc, par conséquent, dans le nord-est et le centre que se trouve la mortalité la plus élevée ; seules les provinces de Sória, Tarragona et Gerona, comprises dans cette région, appartiennent à la seconde catégorie.

Il faut remarquer que c'est dans les climats les plus rudes, en Castille et en Aragon, que l'intensité de la mortalité est la plus considérable, tandis que les provinces méridionales et maritimes, où la température est plus régulière et plus douce, sont moins meurtrières. L'influence climatérique me paraît, en effet, très-nettement accusée pour la période de 6 à 10 ans, c'est ainsi que, dans le midi, Jaén et Granada, où la température est beaucoup plus basse que dans les provinces environnantes, présentent une mortalité plus élevée qu'elles.

Sur 1,000 enfants âgés de 6 à 10 ans, combien de décès annuels (sexe féminin)?

1re CATÉGORIE de 7 à 9.5		2e CATÉGORIE de 9.6 à 12.5		3e CATÉGORIE de 12.6 à 14.9		4e CATÉGORIE de 15 à 17.5		5e CATÉGORIE —	
Canárias.....	7.0	Cádiz.......	9.7	Granada......	12.6	Zaragoza....	16.2	Paléncia.....	26.3
Pontevedra...	7.5	Orense......	9.8	Tarragona...	12.7	Madrid......	17.5		
Lugo.........	8.2	Alicante....	10.1	Jaén........	12.9				
Oviedo.......	8.2	Alava.......	10.4	Leon........	13.1				
Coruña.......	8.2	Sevilla......	10.4	Toledo......	13.3				
Ciudad-Real..	8.3	Málaga......	10.5	Castellon....	13.4				
Baleáres......	8.4	Gerona......	10.7	Navarra.....	13.6				
Almería......	8.5	Avila........	11.1	Salamanca...	13.6				
Múrcia.......	8.8	Teruel......	11.2	Logroño.....	13.7				
Albacete......	9.4	Búrgos......	11.4	Zamora.....	13.9				
Huelva.......	9.5	Sória.......	11.5	Valéncia.....	14.0				
Guipúzcoa....	9.5	Córdoba.....	11.6	Cuenca......	14.0				
		Segóvia.....	11.8	Santander...	14.4				
		Barcelona...	11.9	Huesca......	14.7				
		Vizcaya......	11.9	Lérida......	14.8				
		Guadalajara..	12.1						
		Cáceres.....	12.2						
		Badajoz.....	12.2						
		Valladolid...	12.3						

Mortalité de 6 à 10 ans

Classement des provinces par catégories

Sexe féminin

La première chose qui saute aux yeux, lorsqu'on examine le tableau précédent, c'est la différence considérable qui sépare la moyenne de la province de Paléncia de celle des provinces qui la précèdent immédiatement dans l'ordre numérique; on ne sera pas étonné de ce que je l'ai placée dans une catégorie à part. On remarquera également que cette fois la catégorie moyenne est la deuxième et que non-seulement c'est elle qui contient le plus grand nombre de provinces, mais encore qu'elle représente exactement la moyenne générale ; car l'excessive mortalité de Paléncia n'a pas pu influencer, d'une manière sensible, le résultat général, vu le peu d'importance de cette province.

Le nord-ouest et le midi, moins Jaén et Granada, sont, pour les filles comme pour les garçons, plus favorables que le Centre et que l'Est ; j'en ai déjà indiqué les raisons. Il faut remarquer que la mortalité n'est pas très-élevée dans quelques provinces de l'ancienne Vieille-Castille, et notamment Avila, Búrgos, Sória et Segóvia. Les provinces de Zaragoza, Huesca et Lérida continuent à former un groupe néfaste, tandis qu'au-dessous d'elles, Teruel, Barcelona et Gerona se présentent avec une faible mortalité. On remarquera enfin que Guadalajara, Cuenca, Segóvia, Avila et Madrid, qui sont voisines, ont une mortalité bien différentes.

Sur 1,000 enfants âgés de 11 à 15 ans, combien de décès annuels (sexe masculin)?

1re CATÉGORIE de 3.3 à 4.9	2e CATÉGORIE de 5 à 6.5	3e CATÉGORIE de 6.6 à 7.5	4e CATÉGORIE de 7.6 à 9.2	5e CATÉGORIE —
Guipúzcoa.... 3.3	Sevilla....... 5.0	Salamanca.... 6.6	Lérida....... 7.9	Paléncia..... 15.0
Múrcia....... 3.5	Sória........ 5.1	Valéncia...... 6.6	Zamora....... 8.1	
Baleáres...... 4.0	Logroño...... 5.1	Segóvia....... 6.7	Leon......... 8.1	
Canárias...... 4.4	Albacete...... 5.1	Cádiz........ 6.8	Santander.... 8.4	
Oviedo....... 4.5	Guadalajara... 5.1	Huesca....... 6.9	Teruel....... 8.5	
Coruña....... 4.6	Almería...... 5.3	Toledo....... 6.9	Zaragoza..... 9.2	
Lugo......... 4.9	Gerona....... 5.3	Jaén......... 7.1		
	Vizcaya...... 5.3	Madrid....... 7.1		
	Navarra...... 5.5	Huelva....... 7.3		
	Ciudad-Real.. 5.5	Valladolid.... 7.3		
	Orense....... 5.5	Badajoz...... 7.4		
	Málaga....... 5.6			
	Granada...... 5.6			
	Alava........ 5.6			
	Alicante...... 5.7			
	Búrgos....... 5.7			
	Pontevedra... 5.9			
	Barcelona.... 6.0			
	Cáceres...... 6.0			
	Cuenca....... 6.1			
	Avila........ 6.1			
	Córdoba...... 6.3			
	Tarragona.... 6.3			
	Castellon..... 6.3			

Mortalité de 11 à 15 ans

Classement des provinces par catégories

Sexe masculin

Les provinces sont groupées d'une façon assez nette pour l'intervalle d'âge qui nous occupe. C'est ainsi que, pour les provinces à forte mortalité, on trouve, d'une part, Santander, Leon, Zamora et Paléncia dans l'ouest, d'autre part, dans l'est, Zaragoza, Teruel et Lérida. Ces deux groupes sont séparés par un autre appartenant tout entier à la deuxième catégorie et dont les moyennes, par conséquent, sont très-différentes. C'est ainsi que Vizcaya a une mortalité inférieure d'un tiers à celle de Santander qui la borne à l'ouest; qu'entre Búrgos et Paléncia la différence est de deux tiers; qu'elle est de plus de moitié entre Zaragoza, Navarra, Logroño et Sória; d'un tiers entre Teruel et Tarragona, Castellon, Lérida, Gerona; de la moitié entre Oviedo et Lugo d'un côté, et Santander et Leon de l'autre; d'un tiers entre Orense, Leon et Zamora.

Dans le midi, les différences sont moins sensibles entre les provinces limitrophes, elles appartiennent presque toutes aux deux premières catégories; et, d'une manière générale, on peut dire que la mortalité est moindre pour les garçons de 11 à 15 ans dans le midi que dans le nord.

Sur 1,000 enfants âgés de 11 à 15 ans, combien de décès annuels (sexe féminin)?

1re CATÉGORIE de 4.5 à 5.8	2e CATÉGORIE de 5.9 à 7.1	3e CATÉGORIE de 7.2 à 8.5	4e CATÉGORIE de 8.6 à 9.8	5e CATÉGORIE —
Baleáres...... 4.5	Sória......... 5.9	Santander.... 7.2	Madrid....... 9.0	Paléncia..... 13.8
Lugo......... 4.7	Avila......... 6.0	Jaén......... 7.3	Zamora....... 9.8	
Almería...... 4.8	Granada...... 6.0	Cuenca....... 7.4		
Coruña....... 5.1	Pontevedra... 6.1	Huesca....... 7.4		
Oviedo....... 5.1	Vizcaya....... 6.2	Teruel....... 7.7		
Guipúzcoa.... 5.2	Cáceres...... 6.2	Logroño...... 7.7		
Albacete...... 5.5	Navarra...... 6.3	Segóvia...... 7.8		
Canárias...... 5.6	Guadalajara... 6.4	Toledo....... 7.9		
Ciudad-Real.. 5.6	Castellon..... 6.4	Valladolid.... 7.9		
Cádiz........ 5.6	Córdoba...... 6.4	Lérida....... 8.1		
Alava........ 5.7	Gerona....... 6.6	Leon......... 8.3		
Sevilla....... 5.7	Badajoz...... 6.9	Zaragoza..... 8.3		
Málaga....... 5.7	Valéncia...... 6.9			
Alicante...... 5.8	Tarragona.... 6.9			
Múrcia....... 5.8	Búrgos....... 6.9			
	Salamanca.... 6.9			
	Huelva....... 7.0			
	Barcelona.... 7.1			
	Orense....... 7.1			

Mortalité de 11 à 15 ans

Classement des provinces par catégories

Sexe féminin

Toutes les provinces situées au-dessous du Tage et du Jucar appartiennent à la première catégorie, excepté Jaén qui fait partie de la troisième, et Badajoz, Córdoba, Granada, Huelva, de la seconde. Au nord, au contraire, les provinces à faible mortalité sont peu nombreuses et se bornent à la Galice, les Asturies et les provinces Basques. La Catalogne et l'Aragon appartiennent à la troisième catégorie; le Royaume de Leon moins Salamanca et la Vieille-Castille moins Sória et Búrgos, sont les plus maltraités.

On trouve une grande différence entre l'intensité de la mortalité dans des provinces limitrophes. Leon, par exemple, a une mortalité plus élevée d'un tiers que celle d'Oviedo et de près de la moitié de celle de Lugo; la différence est également d'un tiers entre Salamanca, Zamora, Avila, Guadalajara et Madrid; de la moitié entre Búrgos, Valladolid, Santander et Paléncia.

Sur 1,000 habitants âgés de 16 à 20 ans, combien de décès annuels (sexe masculin)?

1re CATÉGORIE de 5.9 à 6.9	2e CATÉGORIE de 7 à 7.9	3e CATÉGORIE de 8 à 8.9	4e CATÉGORIE de 9 à 10.4	5e CATÉGORIE —
Lugo......... 5.9	Castellon..... 7.2	Tarragona.... 8.0	Valladolid... 9.0	Madrid....... 12.9
Guipúzcoa.... 6.2	Coruña....... 7.2	Oviedo....... 8.1	Huesca...... 9.1	Paléncia..... 16.8
Baleáres...... 6.3	Alicante...... 7.2	Leon......... 8.1	Valéncia..... 9.1	
Canárias...... 6.4	Sória......... 7.2	Ciudad-Real.. 8.2	Vizcaya...... 9.2	
Orense....... 6.6	Salamanca.... 7.3	Granada...... 8.3	Cuenca 9.5	
Navarra...... 6.8	Almería...... 7.5	Cáceres...... 8.3	Jaén........ 9.7	
Búrgos....... 6.9	Alava........ 7.5	Guadalajara... 8.3	Lérida 9.9	
	Albacete...... 7.8	Logroño...... 8.4	Zamora 10.0	
	Sevilla 7.9	Pontevedra ... 8.4	Málaga...... 10.0	
	Múrcia....... 7.9	Gerona....... 8.5	Barcelona ... 10.2	
		Avila......... 8.5	Zaragoza..... 10.3	
		Toledo....... 8.5	Santander ... 10.4	
		Badajoz...... 8.5		
		Teruel....... 8.7		
		Córdoba...... 8.7		
		Huelva....... 8.8		
		Segóvia 8.8		
		Cádiz 8.9		

Mortalité de 16 à 20 ans

Classement des provinces par catégories

Sexe masculin

La mortalité, d'une manière générale, est plus considérable au nord qu'au midi, à l'est qu'à l'ouest.

Dans le nord, les provinces à faible mortalité sont Búrgos, Alava, Logroño, Sória, Navarra, Guadalajara et l'ancienne Galice qui appartiennent toutes à la première ou à la seconde catégorie. Celles qui présentent les plus fortes moyennes sont Zamora, Paléncia, Santander dans l'ouest, Barcelona, Zaragoza dans l'est et Madrid au centre.

Dans le midi, Málaga, Jaén, ont une mortalité très-élevée, tandis que les provinces qui les entourent sont beaucoup mieux partagées.

Dans le centre, l'Estramadure et la Vieille-Castille moins Madrid et Cuenca, appartiennent à la catégorie moyenne.

Les îles Baleáres et Canárias sont très-favorisées.

Paléncia a une mortalité de près de trois fois plus élevée que celle de Búrgos qui la borne à l'est.

Sur 1,000 habitants âgés de 16 à 20 ans, combien de décès annuels (sexe féminin)?

1re CATÉGORIE de 5 à 6.4		2e CATÉGORIE de 6.5 à 7.4		3e CATÉGORIE de 7.5 à 8.9		4e CATÉGORIE de 9 à 10.1		5e CATÉGORIE —	
Canárias......	5.0	Vizcaya	6.6	Alava........	7 5	Cuenca......	9.0	Madrid......	12.7
Coruña.......	5.0	Almeria......	6.6	Guipúzcoa....	7.6	Zaragoza....	9.1	Paléncia.....	15.8
Lugo.........	5.1	Orense.......	6.6	Sevilla.......	7.7	Toledo......	9.2		
Pontevedra...	5.4	Baleáres......	6.7	Navarra......	7.8	Albacete.....	9.3		
Oviedo.......	5.5	Alicante......	6.9	Múrcia.......	7.8	Avila........	9.3		
Córdoba......	5.8	Gerona.......	7.0	Búrgos.......	7.8	Valéncia.....	9.4		
		Castellon.....	7.1	Badajoz......	7.9	Ciudad-Real.	9.4		
		Santander....	7.1	Granada......	8.3	Lérida......	9.5		
		Logroño......	7.2	Cáceres......	8.3	Zamora......	9.8		
		Huesca.......	7.2	Salamanca....	8.4	Guadalajara..	9.8		
		Sória........	7.3	Leon.........	8.4	Barcelona ...	10.0		
		Huelva.......	7.3	Teruel.......	8.5	Valladolid...	10.1		
		Tarragona....	7.3	Segóvia......	8.5				
		Málaga.......	7.4	Jaén.........	8.6				
				Cádiz........	8.9				

Mortalité de 16 à 20 ans

Classement des provinces par catégories

Sexe féminin

Toutes les provinces de la Nouvelle-Castille appartiennent à la quatrième catégorie. L'Andalousie, l'Estramadure, la Navarre, les provinces Basques et la Vieille-Castille moins Paléncia, Valladolid et Avila, ainsi que le Royaume de Leon moins Zamora, appartiennent à la deuxième ou à la troisième catégorie.

La Galice et les Asturies continuent à former la première catégorie et Paléncia à présenter la moyenne maximum.

Córdoba se trouve enclavée au milieu de provinces à moyenne beaucoup plus élevée que la sienne. C'est ainsi qu'entre Córdoba et Ciudad-Real, la différence est de près de moitié, et d'un tiers avec Badajoz, Sevilla, Jaén, Granada.

Paléncia a une mortalité double de celle des provinces limitrophes : Leon, Santander et Búrgos. Entre Gerona et Barcelona la différence est d'un tiers.

Sur 1,000 habitants âgés de 21 à 25 ans, combien de décès annuels (sexe masculin)?

1re CATÉGORIE de 7.4 à 9.9		2e CATÉGORIE de 10 à 12.9		3e CATÉGORIE de 13 à 15.9		4e CATÉGORIE de 16 à 18.3		5e CATÉGORIE —	
Baleáres	7.4	Sória	10.0	Cádiz	13.0	Alava	16.0	Paléncia	21.9
Canárias	8.6	Cáceres	10.1	Sevilla	13.2	Navarra	16.0		
Alicante	9.0	Búrgos	10.3	Jaén	13.2	Zaragoza	16.9		
Lugo	9.2	Madrid	10.6	Barcelona	13.4	Ciudad-Real	17.8		
Orense	9.4	Tarragona	10.6	Cuenca	13.5	Valladolid	18.3		
Badajoz	9.7	Toledo	10.7	Santander	13.9				
Avila	9.8	Gerona	10.7	Valéncia	14.5				
		Pontevedra	10.8	Córdoba	14.6				
		Guadalajara	10.9	Zamora	15.2				
		Salamanca	11.0	Vizcaya	15.9				
		Teruel	11.1						
		Oviedo	11.2						
		Múrcia	11.3						
		Coruña	11.5						
		Castellon	11.8						
		Albacete	11.9						
		Almería	12.0						
		Logroño	12.1						
		Leon	12.1						
		Lérida	12.3						
		Guipúzcoa	12.3						
		Granada	12.3						
		Huelva	12.4						
		Segóvia	12.5						
		Huesca	12.6						
		Málaga	12.7						

Mortalité de 21 à 25 ans

Classement des provinces par catégories

Sexe masculin

La différence considérable qui sépare la moyenne de la mortalité de Paléncia, de celle des provinces qui s'en rapproche le plus, m'a obligé à la placer dans une catégorie à part; et il en résulte que la véritable catégorie moyenne, c'est-à-dire celle qui compte le plus de provinces, est la deuxième. Ce fait est encore à l'avantage de ma méthode de formation des catégories, qui indique, en effet, au premier coup d'œil, que la moyenne mathématique est exagérée. Car il n'est pas douteux que l'intensité considérable de la mortalité dans la province de Paléncia ait influé sur le résultat général, en l'augmentant.

Dans le nord, Alava, Navarra, Zaragoza forment un groupe à moyenne élevée; Valladolid et Paléncia en forment un autre.

Dans le midi, Cádiz, Sevilla, Córdoba, Jaén, d'une part, Cuenca et Valéncia, d'autre part, ont une mortalité beaucoup plus élevée que les provinces qui les entourent.

Les provinces de la première catégorie sont un peu disséminées, il n'y a que Lugo et Orense qui forment un petit groupe. Je signalerai, enfin Ciudad-Real comme la seule province méridionale appartenant à la quatrième catégorie.

Sur 1,000 habitants âgés de 21 à 25 ans, combien de décès annuels (sexe féminin)?

1re CATÉGORIE de 5.8 à 8.4	2e CATÉGORIE de 8.5 à 10.9	3e CATÉGORIE de 11 à 13.9	4e CATÉGORIE de 14 à 16	5e CATÉGORIE de 16 à 18.9
Coruña....... 5.8	Santander... 9.1	Badajoz..... 11.0	Albacete..... 14.0	Madrid....... 16.6
Canárias...... 6.5	Baleáres..... 9.1	Logroño..... 11.2	Cuenca...... 14.1	Alava....... 17.8
Oviedo....... 6.5	Almería..... 9.4	Castellon.... 11.4	Valéncia..... 15.5	Paléncia..... 18.9
Pontevedra... 6.6	Alicante..... 9.5	Cáceres..... 11.4		
Lugo......... 6.7	Vizcaya...... 9.5	Avila........ 11.6		
Qrense....... 7.2	Múrcia...... 9.6	Sória........ 11.7		
	Leon........ 9.9	Granada..... 11.7		
	Gerona...... 10.4	Huesca...... 11.9		
	Tarragona... 10.5	Córdoba..... 11.9		
	Huelva...... 10.6	Sevilla...... 12.1		
	Málaga...... 10.7	Búrgos...... 12.1		
	Salamanca... 10.8	Segóvia..... 12.1		
		Jaén........ 12.2		
		Zamora...... 12.5		
		Teruel...... 12.5		
		Toledo...... 12.6		
		Cádiz....... 12.7		
		Guipúzcoa... 12.8		
		Lérida....... 13.0		
		Navarra..... 13.2		
		Zaragoza.... 13.2		
		Ciudad-Real. 13.3		
		Guadalajara.. 13.3		
		Valladolid... 13.7		
		Barcelona... 13.9		

Mortalité de 21 à 25 ans

Classement des provinces par catégories

Sexe féminin

La mortalité varie considérablement selon les provinces qu'on considère, mais ces différences sont tellement bien localisées qu'il doit certainement il y avoir une raison.

La Galice et les Asturies appartiennent à la première catégorie et les provinces qui les bornent à l'est, Santander et Leon appartiennent à la deuxième catégorie. Puis subitement la mortalité croît jusqu'à la Méditerranée. Dans le midi, Valéncia, Cuenca, Albacete forment un groupe à mortalité élevée et un peu plus bas, Alicante, Múrcia, Almería un autre groupe à faible mortalité.

Dans les autres provinces, les chances de mort sont à peu près égales ; mais Madrid, Alava et surtout Paléncia continuent à se distinguer par une mortalité excessive.

Sur 1,000 habitants âgés de 26 à 30 ans, combien de décès annuels (sexe masculin)?

1re CATÉGORIE de 6.3 à 7.9	2e CATÉGORIE de 8 à 9.9	3e CATÉGORIE de 10 à 11.9	4e CATÉGORIE de 12 à 13.4	5e CATÉGORIE —
Canárias...... 6.3	Málaga....... 8.2	Zamora...... 10.1	Valéncia..... 12.1	Paléncia..... 17.9
Tarragona.... 6.5	Alicante...... 8.6	Vizcaya...... 10.1	Zaragoza 12.5	
Alava........ 7.1	Sevilla 8.6	Sória 10.2	Madrid...... 12.6	
Gerona....... 7.7	Lugo......... 8.7	Jaén 10.3	Segovia...... 12.8	
	Albacete...... 8.9	Leon........ 10.4	Valladolid ... 13.4	
	Córdoba...... 9.0	Logroño..... 10.4		
	Barcelona 9.2	Búrgos...... 10.4		
	Múrcia....... 9.2	Avila........ 10.6		
	Lérida 9.2	Salamanca... 10.7		
	Castellon..... 9.3	Navarra..... 10.8		
	Pontevedra ... 9.3	Huelva...... 11.2		
	Oviedo....... 9.3	Cáceres..... 11.4		
	Badajoz 9.4	Cádiz 11.6		
	Coruña....... 9.4	Huesca...... 11.7		
	Santander 9.4	Baleáres..... 11.7		
	Teruel 9.5			
	Cuenca....... 9.5			
	Ciudad-Real .. 9.5			
	Almería...... 9.6			
	Guipúzcoa.... 9.7			
	Granada 9.7			
	Toledo....... 9.8			
	Orense....... 9.8			
	Guadalajara... 9.9			

Mortalité de 26 à 30 ans

Classement des provinces par catégories

Sexe masculin

Des 21 provinces qui composent les trois dernières catégories, 5 seulement appartiennent à la région méridionale, ce sont : Huelva, Cádiz, Jaén, Valéncia, Baleáres ; tandis que sur les 28 provinces des deux premières catégories, 15 sont situées dans la région septentrionale, savoir : les provinces formées de l'ancienne Galice, des Asturies, des provinces Basques, de la Catalogne, Teruel et Castellon de l'Aragon, Guadalajara, Cuenca et Toledo de la Nouvelle-Castille. On peut donc en conclure, cette fois encore, que la mortalité est plus grande au nord qu'au midi.

On remarquera toutefois que les provinces priviligiées de la région septentrionale sont situées sur les confins de provinces plus maltraitées qui sont groupées en affectant la forme d'un triangle dont l'un des côtés serait les Pyrénées depuis la Galice jusqu'au val d'Andore, la frontière Portugaise la base et le troisième côté suivrait la chaîne du Guadarrama. Ce qui, au point de vue géographique, correspond au plateau de la Vieille-Castille et aux deux tiers supérieurs du bassin de l'Èbre.

J'appellerai encore l'attention sur les îles Baleáres qui, jusqu'à présent, avaient toujours appartenu à la première ou à la deuxième catégorie et qui, pour les jeunes gens de 26 à 30 ans, présentent une mortalité relativement élevée.

Sur 1,000 habitants âgés de 26 à 30 ans, combien de décès annuels (sexe féminin)?

1re CATÉGORIE de 5.9 à 7.9		2e CATÉGORIE de 8 à 9.9		3e CATÉGORIE de 10 à 11.9		4e CATÉGORIE de 12 à 13.5		5e CATÉGORIE de 13.6 à 15.3	
Canárias	5.9	Vizcaya	8.0	Múrcia	10.1	Zaragoza	12.0	Madrid	14.3
Coruña	5.9	Málaga	8.1	Alicante	10.1	Toledo	12.3	Segóvia	14.4
Pontevedra	6.0	Santander	8.2	Albacete	10.1	Avila	12.7	Valladolid	15.1
Lugo	6.2	Tarragona	9.0	Ciudad-Real	10.2	Zamora	12.8	Paléncia	15.3
Oviedo	6.6	Barcelona	9.1	Teruel	10.3	Valéncia	13.2		
Orense	7.4	Logroño	9.2	Guadalajara	10.3				
Córdoba	7.7	Huelva	9.2	Badajoz	10.4				
		Jaén	9.3	Búrgos	10.4				
		Gerona	9.3	Cuenca	10.6				
		Sevilla	9.6	Navarra	10.7				
		Granada	9.6	Baleáres	10.9				
		Alava	9.6	Cádiz	10.9				
		Almeria	9.7	Cáceres	11.3				
		Leon	9.7	Lérida	11.4				
		Guipúzcoa	9.7	Salamanca	11.5				
		Castellon	9.8	Sória	11.7				
				Huesca	11.8				

Mortalité de 26 à 30 ans

Classement des provinces par catégories

Sexe féminin

Les provinces à mortalité élevée qui forment les deux dernières catégories, sont groupées très-nettement entre le 6e et le 8e degré de longitude et le 40e et 42e de latitude N. ; il n'y a que Zaragoza et Valéncia qui soient à part. Ce groupe répond géographiquement aux parties de la Vieille et de la Nouvelle-Castille où la température est la plus variable et cette fois encore l'influence climatérique paraît jouer un rôle important.

On remarquera, en effet, d'autre part, que l'Andalousie a une très-faible mortalité ainsi que les provinces du littoral de l'Atlantique et de la Méditerranée, moins celle de Valéncia. Cette dernière, en effet, a une moyenne considérablement plus élevée que celle des provinces qui l'entourent, la différence est de près d'un tiers avec Castellon et d'un quart environ avec Teruel, Cuenca, Albacete et Alicante. Córdoba et Ciudad-Real diffèrent également de près d'un tiers. Dans le nord, Leon qui est située entre Oviedo, Zamora et Paléncia, a une moyenne plus élevée d'un tiers que la première, plus faible d'un quart que la seconde et de plus d'un tiers que la troisième.

Sur 1,000 habitants âgés de 31 à 40 ans, combien de décès annuels (sexe masculin)?

1re CATÉGORIE de 7.4 à 9.4		2e CATÉGORIE de 9.5 à 11.4		3e CATÉGORIE de 11.5 à 13.4		4e CATÉGORIE de 13.5 à 15.4		5e CATÉGORIE de 15.5 à 17.6	
Canárias	7.4	Málaga	10.3	Pontevedra	11.5	Baleáres	13.5	Zaragoza	16.3
Alava	8.5	Guipúzcoa	10.4	Búrgos	11.5	Cádiz	13.6	Valladolid	16.6
Lugo	9.0	Córdoba	10.4	Ciudad-Real	11.6	Santander	13.6	Madrid	16.9
Oviedo	9.3	Tarragona	10.8	Cáceres	11.7	Segóvia	13.8	Valéncia	17.6
		Gerona	10.9	Cuenca	11.9	Lérida	13.9		
		Orense	11.0	Logroño	12.1	Paléncia	13.9		
		Sevilla	11.1	Albacete	12.2	Almeria	14.1		
		Coruña	11.1	Granada	12.3	Navarra	14.3		
		Toledo	11.1	Teruel	12.4	Zamora	15.0		
		Sória	11.2	Avila	12.4				
		Vizcaya	11.2	Alicante	12.4				
		Badajoz	11.3	Guadalajara	12.8				
		Salamanca	11.4	Castellon	13.0				
				Leon	13.1				
				Barcelona	13.1				
				Jaén	13.2				
				Múrcia	13.2				
				Huesca	13.4				
				Huelva	13.4				

Mortalité de 31 à 40 ans

Classement des provinces par catégories

Sexe masculin

Le bassin du Douro est incontestablement la région où la mortalité est la plus élevée. Sur neuf provinces qu'elle contient, deux seulement, Salamanca et Sória, appartiennent à la deuxième catégorie; trois à la quatrième, Zamora, Segóvia, Paléncia; Valladolid est de la cinquième et les autres, Leon, Búrgos, Avila, font partie de la troisième.

Le bassin du Tage et du Guadiana, si l'on en excepte la province de Madrid, est, au contraire, le groupe géographique à mortalité minimum. Après lui vient l'Andalousie moins Cádiz et Almería, puis le bassin de la Segura.

La province de Valéncia et les Baleáres se font remarquer par une mortalité excessive que je ne sais à quoi attribuer et je regrette une fois de plus de n'avoir pas sous les yeux le tableau des causes des décès pour étudier les raisons de ce phénomène.

Dans le nord, la petite province d'Alava a une moyenne plus faible de presque moitié que celle de Navarra qui la limite à l'est. Dans le sud, Cádiz présente une mortalité beaucoup plus élevée que ses voisines Sevilla et Málaga.

Sur 1,000 habitants âgés de 31 à 40 ans, combien de décès annuels (sexe féminin)?

1re CATÉGORIE de 8.4 à 10.5	2e CATÉGORIE de 10.6 à 11.9	3e CATÉGORIE de 12 à 13.9	4e CATÉGORIE de 14 à 15.9	5e CATÉGORIE de 16 à 19.6
Canárias..... 8.4	Málaga...... 10.8	Orense...... 12.1	Toledo...... 14.1	Lérida....... 16.1
Coruña...... 9.1	Sevilla....... 10.9	Cádiz........ 12.2	Guadalajara.. 14.2	Barcelona.... 16.1
Oviedo...... 9.3	Alava....... 10.9	Tarragona... 12.3	Teruel....... 14.2	Zaragoza..... 16.9
Pontevedra.. 9.4	Ciudad-Real. 11.3	Badajoz...... 12.3	Baleáres..... 14.3	Madrid....... 17.1
Córdoba..... 9.8	Guipúzcoa... 11.7	Salamanca... 12.5	Castellon.... 14.3	Valladolid... 18.0
Lugo........ 10.0	Cáceres...... 11.7	Jaén........ 12.5	Múrcia...... 14.5	Valéncia..... 19.6
Vizcaya...... 10.3	Navarra..... 11.8	Almería..... 12.5	Sória........ 14.5	
		Huelva...... 12.6	Albacete..... 14.9	
		Granada..... 12.7	Cuenca...... 15.2	
		Logroño..... 12.8	Segóvia...... 15.4	
		Búrgos...... 12.8	Zamora...... 15.7	
		Gerona...... 13.0	Avila........ 15.7	
		Alicante..... 13.2	Huesca...... 15.8	
		Santander... 13.4	Paléncia..... 15.9	
		Leon........ 13.8		

Mortalité de 31 à 40 ans

Classement des provinces par catégories

Sexe féminin

C'est, en général, dans la moitié septentrionale de l'Espagne que la mortalité est la plus élevée. Toutefois, il faut considérer deux groupes différents dans cette région, l'est et l'ouest. Dans l'ouest, les Asturies, les provinces Basques, la Navarre, la Galice, Leon, Salamanca, Cáceres, appartiennent à la première ou à la deuxième catégorie. Dans l'est, au contraire, les anciennes provinces de l'Aragon, de la Catalogne moins Gerona et Tarragona, de la Vieille-Castille moins Logroño, Búrgos et Santander, de la Nouvelle-Castille moins Ciudad-Real, de Valence moins Alicante, les Baleáres, Múrcia, Albacete, forment à elles seules les quatrième et cinquième catégorie.

En Andalousie, la mortalité ne dépasse pas la moyenne générale, la province de Córdoba appartient même à la première catégorie et celles de Sevilla et Málaga à la deuxième.

En résumé, mortalité maximum au nord et au sud-est, moyenne ou même minimum au nord et au sud-ouest.

Sur 1,000 habitants âgés de 41 à 50 ans, combien de décès annuels (sexe masculin)?

1re CATÉGORIE de 14.3 à 17.9	2e CATÉGORIE de 18 à 21.4	3e CATÉGORIE de 21.5 à 24.9	4e CATÉGORIE de 25 à 28.3	5e CATÉGORIE —
Canárias..... 14.3	Vizcaya...... 18.0	Córdoba..... 21.5	Segóvia 25.0	Zaragoza 30.2
Guipúzcoa... 15.2	Alicante..... 19.1	Cuenca...... 21.6	Huesca...... 25.1	Zamora 30.8
Baleáres..... 15.3	Tarragona... 19.1	Búrgos...... 21.7	Avila........ 25.3	Valladolid... 32.5
Gerona...... 15.4	Alava....... 19.6	Albacete 22.0	Paléncia..... 25.8	Madrid...... 33.4
Lugo........ 15.5	Santander... 19.8	Castellon.... 22.3	Huelva...... 26.0	
Oviedo...... 15.8	Lérida 20.0	Sória........ 22.5	Guadalajara.. 26.4	
Pontevedra.. 16.5	Barcelona.... 20.2	Salamanca... 22.8	Cáceres 26.5	
Coruña...... 17.6	Málaga....... 20.4	Toledo...... 23.2	Jaén 26.8	
Orense...... 17.9	Múrcia....... 20.9	Granada..... 23.2	Valéncia..... 28.3	
	Sevilla 20.9	Leon........ 23.4		
		Ciudad-Real. 23.4		
		Almería..... 23.6		
		Logroño 24.4		
		Badajoz 24.4		
		Cádiz 24.4		
		Navarra..... 24.5		
		Teruel 24.9		

Mortalité de 41 à 50 ans

Classement des provinces par catégories

Sexe masculin

A part Cáceres, Huelva, Jaén et Valéncia, toutes les provinces situées au-dessous de 40°, c'est-à-dire dans la moitié méridionale, présentent une mortalité ne dépassant la moyenne générale. Dans le nord, les variations sont plus considérables. Les provinces du versant Océanien, par exemple, appartiennent toutes à la première catégorie, excepté pourtant Santander qui est de la seconde. En Catalogne, la mortalité est faible tandis qu'en Aragon elle est excessivement élevée.

Sur les 13 provinces qui composent les deux dernières catégories, il y en a 9 qui forment un groupe très-marqué allant des Pyrénées à la frontière portugaise, ce sont, en allant de l'est à l'ouest, Huesca, Zaragoza, Guadalajara, Madrid, Segóvia, Avila, Zamora, Valladolid et Paléncia. Elles forment, pour ainsi dire, une ceinture autour des provinces de Búrgos, Sória, Logroño et Navarra qui ont une mortalité moyenne.

Il est donc bien manifeste que la partie centrale de la région septentrionale est celle où la mortalité est la plus élevée.

Sur 1,000 habitants âgés de 41 à 50 ans, combien de décès annuels (sexe féminin)?

1re CATÉGORIE de 12.7 à 15.9		2e CATÉGORIE de 16 à 19.4		3e CATÉGORIE de 19.5 à 22.4		4e CATÉGORIE de 22.5 à 25.9		5e CATÉGORIE de 26 à 29.1	
Canárias.....	1..7	Sevilla......	16.3	Granada.....	19.6	Lérida......	22.8	Zaragoza.....	26.0
Coruña......	13.0	Málaga......	16.4	Jaén........	19.7	Leon........	23.0	Cáceres.....	26.1
Oviedo......	13.8	Alicante.....	16.7	Búrgos......	19.8	Paléncia.....	23.2	Madrid......	28.0
Pontevedra..	14.0	Navarra.....	17.1	Sória.......	20.1	Guadalajara..	23.6	Valladolid...	29.1
Guipúzcoa...	14.5	Baleáres.....	17.3	Cuenca......	21.4	Huesca......	23.6		
Vizcaya......	15.1	Almeria.....	17.4	Albacete.....	21.4	Avila........	23.7		
Lugo........	15.8	Múrcia......	17.7	Salamanca...	21.7	Valéncia.....	24.8		
Alava.......	15.8	Tarragona...	18.1	Badajoz.....	21.7	Segóvia.....	25.2		
Córdoba.....	15.8	Castellon....	18.6	Teruel......	21.9	Zamora......	25.5		
Gerona......	15.8	Huelva......	18.8	Barcelona...	21.9				
		Santander...	18.8	Cádiz.......	22.1				
		Orense......	19.0	Toledo......	22.4				
		Ciudad-Real.	19.0						
		Logroño.....	19.3						

Mortalité de 41 à 50 ans

Classement des provinces par catégories

Sexe féminin

Les observations que j'ai faites relativement à la répartition de la mortalité chez les hommes de 41 à 50 ans sont absolument les mêmes pour les femmes du même âge.

Les provinces situées dans le versant Océanien appartiennent à la première catégorie de ma classification, moins Santander qui est de la seconde. Dans le sud, il n'y a que Cáceres et Valéncia qui fournissent une mortalité élevée; toutes les autres provinces ont une mortalité moyenne. Toutefois, la Catalogne est moins favorable aux hommes qu'aux femmes, Lérida, en effet, appartient à la quatrième catégorie. Enfin, le groupe disposé en arc de cercle autour des provinces de Búrgos, Sória, Logroño et Navarra existe également. Il y a évidemment une raison dans une localisation aussi tranchée de l'intensité de la mortalité; mais quelle est-elle? Je n'en sais rien. Je ferai remarquer toutefois que ce groupe de provinces à mortalité élevée se trouve sur une même ligne isothermique.

Sur 1,000 habitants âgés de 51 à 60 ans, combien de décès annuels (sexe masculin)?

1re CATÉGORIE de 21.2 à 29.9	2e CATÉGORIE de 30 à 38.9	3e CATÉGORIE de 39 à 47.7	4e CATÉGORIE —	5e CATÉGORIE —
Canárias..... 21.2	Sevilla...... 30.9	Granada..... 39.1	Zamora..... 52.4	Segóvia...... 58.6
Guipúzcoa... 22.1	Málaga...... 31.1	Almeria..... 39.7	Paléncia..... 52.8	Valladolid... 63.6
Pontevedra.. 23.6	Alicante..... 31.7	Múrcia...... 40.4	Madrid...... 53.0	
Oviedo...... 25.4	Santander... 31.7	Sória........ 41.5		
Vizcaya...... 25.6	Navarra..... 32.2	Logroño..... 41.6		
Baleáres..... 25.8	Lérida...... 32.3	Toledo...... 41.8		
Lugo........ 26.4	Orense...... 32.3	Valéncia..... 41.8		
Alava....... 26.6	Barcelona... 32.8	Salamanca... 42.2		
Coruña...... 27.6	Teruel...... 33.0	Ciudad-Real. 43.3		
Gerona...... 27.9	Búrgos...... 33.9	Zaragoza..... 43.9		
Tarragona... 28.7	Huesca...... 34.2	Guadalajara.. 46.6		
	Córdoba..... 34.7	Leon........ 46.5		
	Castellon.... 35.2	Cáceres..... 47.5		
	Cádiz........ 36.6	Avila........ 47.7		
	Cuenca..... 36.8			
	Huelva...... 37.5			
	Badajoz..... 38.1			
	Albacete..... 38.3			
	Jaén........ 38.9			

Mortalité de 51 à 60 ans

Classement des provinces par catégories

Sexe masculin

Les provinces formées de l'ancien Royaume de Leon et de la Vieille-Castille constituent un groupe où la mortalité est très-élevée; à part Granada et Almería toutes les provinces d'Andalousie appartiennent au contraire à la deuxième catégorie. La Catalogne, la Galice, les Asturies, les provinces Basques et l'Aragon moins Zaragoza présentent également une faible mortalité.

Les différences dans l'élévation des moyennes entre provinces limitrophes ne sont bien saillantes qu'entre Búrgos et Paléncia, Valladolid, Segóvia; Leon et Oviedo, Lugo, Orense; Cáceres et Badajoz. La province de Valéncia continue aussi à avoir une mortalité plus élevée que les provinces environnantes Castellon, Teruel, Cuenca, Albacete, Alicante.

Sur 1,000 habitants âgés de 51 à 60 ans, combien de décès annuels (sexe féminin)?

1re CATÉGORIE de 18.7 à 25.4		2e CATÉGORIE de 25.5 à 31.9		3e CATÉGORIE de 32 à 38.9		4e CATÉGORIE de 39 à 45.4		5e CATÉGORIE —	
Canárias....	18.7	Córdoba.....	25.8	Búrgos......	32.4	Leon........	39.4	Segóvia.....	50.9
Guipúzcoa...	20.0	Santander...	26.0	Logroño.....	32.5	Madrid......	42.2	Valladolid...	51.0
Vizcaya......	21.2	Huelva......	26.5	Barcelona...	33.1	Avila........	42.4		
Pontevedra..	21.9	Tarragona...	26.6	Huesca......	33.4	Zamora.....	45.1		
Málaga......	22.2	Alicante.....	26.8	Cuenca......	33.5	Paléncia.....	45.4		
Coruña......	22.7	Almeria.....	28.0	Valéncia.....	33.9				
Oviedo......	22.9	Jaén........	28.8	Ciudad-Real.	33.9				
Cádiz.......	23.3	Múrcia......	28.9	Salamanca...	34.4				
Sevilla......	23.4	Gerona......	29.1	Cáceres.....	34.6				
Baleáres.....	23.6	Badajoz.....	29.7	Sória.......	34.6				
Alava.......	24.0	Orense......	30.5	Toledo......	35.2				
Navarra.....	24.3	Castellon....	31.2	Albacete.....	35.2				
Lugo........	25.0	Teruel......	31.4	Lérida......	36.9				
		Granada.....	31.5	Zaragoza....	36.7				
				Guadalajara..	37.1				

Mortalité de 51 à 60 ans

Classement des provinces par catégories

Sexe féminin

La position géographique occupée par les provinces, paraît avoir une influence sur l'intensité de la mortalité. C'est ainsi que les provinces situées dans le versant du golfe de Gascogne, de même que celles formées de l'Andalousie, ont une mortalité très-faible, tandis que celles qui occupent le centre et principalement le bassin du Douro présentent une proportion beaucoup plus élevée. En résumé, c'est à l'extrême nord et à l'extrême sud que la mortalité est la moins grande.

Comme pour le sexe masculin, la différence est grande entre l'intensité de la mortalité dans la province de Leon et les provinces telles qu'Oviedo, Lugo et Orense qui la limitent au nord et à l'ouest. Il y a également un écart assez sensible entre Cáceres, Ciudad-Real, Albacete, Valéncia et les provinces qui les bornent au sud, Badajoz, Córdoba, Jaén, Múrcia, Alicante. La mortalité est aussi beaucoup plus grande, de plus du double dans Valladolid et Segóvia que dans Búrgos et Sória qui les touchent à l'est.

Sur 1,000 habitants âgés de 61 à 70 ans, combien de décès annuels (sexe masculin)?

1re CATÉGORIE de 44.6 à 54.9	2e CATÉGORIE de 55 à 63.9	3e CATÉGORIE de 64 à 72.9	4e CATÉGORIE de 73 à 81.9	5e CATÉGORIE de 82 à 91.6
Pontevedra 44.6	Vizcaya 56.2	Guadalajara 64.0	Teruel 73.0	Córdoba 82.6
Oviedo 46.1	Guipúzcoa 57.4	Salamanca 64.6	Sevilla 73.3	Almería 82.8
Canárias 48.3	Alava 58.0	Cuenca 64.6	Lérida 74.0	Logroño 83.0
Baleáres 49.0	Búrgos 59.1	Sória 65.8	Avila 74.7	Castellon 85.0
Santander 53.7	Paléncia 62.7	Valladolid 65.7	Leon 74.9	Cáceres 85.4
Lugo 54.0	Coruña 63.4	Albacete 66.2	Granada 75.3	Valéncia 86.3
	Toledo 63.9	Tarragona 66.6	Zamora 77.3	Madrid 91.6
		Ciudad-Real 67.2	Badajoz 77.9	
		Málaga 68.2	Cádiz 78.4	
		Barcelona 68.2	Jaén 79.4	
		Múrcia 69 5	Huelva 80.8	
		Gerona 70.5	Navarra 80.9	
		Orense 70.8	Huesca 81.3	
		Alicante 70.9	Zaragoza 81.8	
		Segovia 72.9		

Mortalité de 61 à 70 ans

Classement des provinces par catégories

Sexe masculin

Les provinces à mortalité élevée sont nombreuses et disséminées au nord et au midi, à l'est et à l'ouest. Toutefois, il faut remarquer que l'Andalousie moins Málaga, l'Estramadure, le Royaume de Valéncia moins Alicante d'une part, l'Aragon, la Navarra, le Royaume de Leon moins Salamanca d'autre part, forment de petits groupes géographiques à moyenne élevée, tandis que le Royaume de Múrcia, la Nouvelle-Castille moins Madrid, les provinces Basques, les Asturies, la Vieille-Castille moins Logroño et Avila, la Galice, forment aussi de petits groupes où la mortalité présente une faible intensité.

Málaga est entourée de provinces qui ont une mortalité plus grande que la sienne de 1 p. °/₀. Entre Toledo et Madrid, Avila, Cáceres, la différence est de 1 et même 2 p. °/₀. Orense, qui touche à Pontevedra et à Lugo, a une moyenne plus élevée de 2 p. °/₀ que celles de ces provinces. Entre Madrid et Guadalajara il y a un écart de 3 p. °/₀.

Les îles Baleáres et Canárias continuent à présenter une faible mortalité.

Sur 1,000 habitants âgés de 61 à 70 ans, combien de décès annuels (sexe féminin)?

1re CATÉGORIE de 45.6 à 54.9		2e CATÉGORIE de 55 à 64.4		3e CATÉGORIE de 64.5 à 73.4		4e CATÉGORIE de 73.5 à 82.9		5e CATÉGORIE de 83 à 92.1	
Baleáres.....	45.6	Sória........	57.4	Córdoba.....	65.3	Teruel......	75.1	Lérida......	88.4
Oviedo......	47.4	Guipúzcoa...	58 2	Jaén........	65.4	Valéncia.....	75.5	Orense......	91.3
Canárias.....	47.9	Málaga......	58.5	Badajoz.....	66.3	Madrid......	75.8	Huesca......	92.1
Pontevedra..	50.3	Búrgos......	58.5	Tarragona...	66.8	Barcelona...	76.7		
Toledo......	53.4	Alicante.....	58.8	Albacete.....	66.9	Zamora......	76.8		
Santander...	54.2	Coruña......	60.4	Lugo........	67.5	Leon........	77.9		
Ciudad-Real.	54.9	Paléncia.....	61.0	Cáceres.....	68.6	Gerona......	79.3		
		Salamanca...	61.2	Navarra.....	69.2	Zaragoza....	79.4		
		Múrcia......	61.2	Guadalajara..	70.1	Castellon....	82.0		
		Vizcaya.....	61.6	Logroño.....	70.4				
		Huelva......	62.4	Granada.....	70.9				
		Alava.......	62 6	Almeria.....	71.6				
		Cádiz.......	62.7	Avila.......	72.7				
		Cuenca......	63.0	Segóvia.....	73.0				
		Valladolid...	63.3						
		Sevilla......	64.1						

Mortalité de 61 à 70 ans

Classement des provinces par catégories

Sexe féminin

Les provinces situées à l'est, la Catalogne moins Tarragona, l'Aragon, le Royaume de Valéncia moins Alicante, forment un groupe où la mortalité est très-élevée. Dans l'ouest, on trouve également un petit groupe formé de provinces appartenant aux deux dernières catégories, savoir : Leon, Orense et Zamora. Dans le centre, toutes les provinces, et surtout Toledo et Ciudad-Real, ont une mortalité peu considérable, excepté toutefois Madrid dont la moyenne est assez élevée.

Il faut remarquer qu'il y a beaucoup de provinces qui, jusque-là, avaient présenté une faible mortalité et qui, de 61 à 70 ans, sont placées dans les dernières catégories. De ce nombre se trouvent Orense, Lugo, Cádiz. Le contraire a lieu pour Toledo et Ciudad-Real qui, cette fois, appartiennent à la première catégorie, tandis que jusque-là elles avaient fourni des moyennes élevées.

Sur 1,000 habitants âgés de 71 à 80 ans, combien de décès annuels (sexe masculin)?

1re CATÉGORIE de 107.5 à 133	2e CATÉGORIE de 134 à 159	3e CATÉGORIE de 160 à 185	4e CATÉGORIE de 186 à 211	5e CATÉGORIE de 212 à 236.6
Canárias.... 106.8	Vizcaya..... 134.9	Múrcia..... 160.1	Málaga..... 190.6	Toledo..... 213.1
Guipúzcoa.. 111.9	Búrgos..... 136.2	Paléncia.... 160.2	Cuenca..... 196.4	Córdoba.... 213.4
Santander.. 117.6	Pontevedra. 145.0	Lugo...... 160.8	Madrid..... 196.9	Teruel..... 213.6
Baleáres.... 121.6	Alava...... 151.1	Tarragona.. 162.7	Leon....... 197.6	Badajoz.... 215.6
Oviedo..... 132.2	Gerona..... 153.4	Albacete.... 163.2	Orense..... 200.0	Jaén....... 215.8
	Navarra.... 157.8	Sória...... 165.7	Logroño.... 200.9	Huesca..... 217.6
		Coruña..... 168.4	Lérida..... 201.6	Salamanca.. 217.6
		Barcelona.. 174.0	Guadalajara. 202.1	Castellon... 218.6
		Alicante.... 175.4	Ciudad-Real 205.2	Sevilla..... 220.7
		Cádiz...... 183.6	Segóvia.... 205.2	Avila....... 220.8
			Valéncia.... 205.2	Zamora..... 221.0
			Granada.... 209.3	Huelva..... 223.6
			Almeria.... 209.5	Valladolid.. 225.6
			Zaragoza.... 211.0	Cáceres.... 236.6

Mortalité de 71 à 80 ans

Classement des provinces par catégories

Sexe masculin

Sur 49 provinces qui forment le Royaume d'Espagne, 21 seulement appartiennent aux trois premières catégories; c'est dire que la mortalité est généralement très-élevée. Les provinces à faible mortalité sont presque toutes situées au nord; on ne trouve, en effet, dans les régions méridionales que les Baleáres, Canárias, Cádiz, Albacete, Alicante et Múrcia. La mortalité des hommes de 71 à 80 ans est donc, en général, moins forte au nord qu'au centre et au sud.

La différence entre Lérida et les trois autres provinces Catalanes, Tarragona, Barcelona, Gerona, varie de 3 à 5 p. °/₀. Entre Alicante, Albacete, Múrcia et les provinces qui les entourent, la différence est également assez considérable et varie de 2 à 4 p. °/₀; de même entre Málaga, Sevilla et Cádiz.

Sur 1,000 habitants âgés de 71 à 80 ans, combien de décès annuels (sexe féminin)?

1re CATÉGORIE de 104.4 à 137		2e CATÉGORIE de 138 à 171		3e CATÉGORIE de 172 à 204		4e CATÉGORIE de 205 à 238		5e CATÉGORIE —	
Baleáres....	104.4	Oviedo.....	139.9	Ciudad-Real	175.8	Zamora.....	205.2	Castellon...	298.0
Canárias....	112.0	Pontevedra.	141.4	Guadalajara.	176.8	Cáceres....	205.3		
Santander..	122.3	Múrcia.....	148.0	Badajoz....	176.9	Segóvia....	209.1		
Guipúzcoa..	123.7	Alava.......	152.3	Coruña.....	177.2	Leon.......	217.0		
Vizcaya.....	135.2	Alicante....	153.4	Tarragona..	179.4	Avila.......	220.4		
Búrgos.....	136.8	Navarra....	155.2	Valladolid..	179.4	Huesca.....	223.2		
		Albacete....	155.6	Sória.......	180.0	Lérida.....	231.8		
		Cádiz.......	161.5	Gerona.....	182.3	Orense.....	238.0		
		Málaga.....	164.4	Madrid.....	182.3				
		Cuenca.....	171.2	Toledo.....	182.8				
				Valéncia....	183.2				
				Salamanca..	183.4				
				Granada....	183.8				
				Jaén.......	184.4				
				Huelva.....	184.6				
				Sevilla.....	185.2				
				Lugo.......	185.5				
				Paléncia....	185.8				
				Teruel.....	189.2				
				Barcelona..	189.2				
				Córdoba....	190.0				
				Almeria....	198.2				
				Zaragoza...	203.6				
				Logroño....	204.4				

Mortalité de 71 à 80 ans

Classement des provinces par catégories

Sexe féminin

Les variations dans les moyennes représentant la mortalité dans chaque province sont très-grandes et, si on compare la moyenne maximum à la moyenne minimum, on voit qu'elles diffèrent de 19 p. °/₀. Cela tient un peu à ce qu'il y a un groupe, celui qui forme la première catégorie, qui a une mortalité excessivement faible et que, d'autre part, la province de Castellon qui constitue à elle seule la cinquième catégorie a une moyenne très-élevée. Aussi la *véritable moyenne* de mortalité n'est-elle pas 175.17 comme l'indique le calcul, mais elle est bien exactement représentée par la troisième catégorie de ma classification qui contient toutes les provinces dont les moyennes sont comprises entre 172 et 204 p. °°/₀₀.

Il faut remarquer que toutes les provinces de la première catégorie sont situées sur le littoral du golfe de Gascogne; que celles de la deuxième catégorie forment très-nettement un groupe situé au sud-est. Enfin, les provinces de la quatrième et de la cinquième catégorie sont un peu disséminées, mais sont toutes situées dans la moitié septentrionale du pays.

Sur 1,000 habitants âgés de 81 à 85 ans, combien de décès annuels (sexe masculin)?

1re CATÉGORIE de 227 à 277		2e CATÉGORIE de 278 à 326		3e CATÉGORIE de 327 à 376		4e CATÉGORIE de 377 à 426		5e CATÉGORIE —	
Guadalajara.	227.5	Búrgos.....	281.5	Paléncia....	330.9	Teruel.....	380.3	Cáceres....	496.0
Canárias....	229.2	Pontevedra.	283.8	Salamanca..	340.5	Alava......	385.5		
Zaragoza...	234.7	Baleáres....	286.7	Granada....	349.3	Valladolid..	387.0		
Santander..	242.8	Coruña.....	289.4	Sevilla.....	353.0	Sória.......	393.2		
Zamora.....	248.6	Cádiz......	294.1	Cuenca.....	355.6	Málaga.....	395.9		
Guipúzcoa..	261.5	Barcelona..	297.8	Almeria....	363.2	Castellon...	404.6		
Lérida.....	262.6	Albacete....	298.5	Segóvia....	364.8	Logroño....	407.7		
Oviedo.....	267.1	Huesca.....	299.5	Jaén.......	365.5	Badajoz....	415.9		
		Navarra....	300.3	Valéncia....	368.6	Madrid.....	426.2		
		Avila.......	301.8	Córdoba....	371.7				
		Vizcaya.....	301.9	Alicante....	374.7				
		Múrcia.....	302.5	Toledo.....	376.0				
		Huelva.....	308.8						
		Gerona.....	309.8						
		Lugo.......	311.6						
		Orense.....	312.2						
		Ciudad-Real	314.8						
		Leon.......	318.8						
		Tarragona..	326.0						

Mortalité de 81 à 85 ans

Classement des provinces par catégories

Sexe masculin

La mortalité des vieillards ne semble pas être plus grande dans une région que dans l'autre, toutefois il faut dire qu'elle est plus régulière dans le midi que dans le nord. Car s'il est vrai que toutes les provinces de la première catégorie et la plus grande partie de celles de la deuxième sont au nord, il faut dire aussi que sur neuf provinces de la quatrième, six appartiennent à cette région. Cela indique bien que la mortalité des vieillards, dans la région septentrionale, est sujette aux plus grandes variations. C'est ainsi qu'on voit Zaragoza et Guadalajara entourées de provinces à mortalité double que la leur. Dans le midi, au contraire, toutes les provinces, à l'exception de Málaga, Badajoz et Cáceres, appartiennent soit à la deuxième, soit surtout à la troisième catégorie.

Je citerai, cependant, dans le nord, l'ancienne Galice et la Catalogne comme constituant des groupes à faible mortalité.

Sur 1,000 habitants âgés de 81 à 85 ans, combien de décès annuels (sexe féminin) ?

1re CATÉGORIE de 250 à 291	2e CATÉGORIE de 292 à 332	3e CATÉGORIE de 333 à 373	4e CATÉGORIE de 374 à 415	5e CATÉGORIE —
Canárias.... 250.6	Madrid..... 297.3	Castellon... 333.3	Sevilla..... 377.5	Almería.... 444.4
Zamora..... 254.9	Oviédo..... 303.1	Cuenca 334.7	Teruel..... 379.7	Logroño.... 445.3
Santander.. 261.8	Guadalajara. 305.1	Cádiz...... 338.6	Coruña..... 381.0	
Guipúzcoa.. 275.3	Navarra.... 311.4	Alava...... 343.4	Barcelona.. 384.8	
Baleáres.... 278.6	Segóvia.... 313.9	Orense..... 346.3	Avila....... 388.8	
Búrgos..... 284.7	Leon....... 316.0	Huesca..... 351.8	Gerona..... 395.4	
Granada.... 291.1	Paléncia.... 325.9	Toledo..... 352.2	Albacete.... 395.6	
	Zaragoza... 326.7	Ciudad-Real 352.2	Sória....... 397.8	
	Huelva..... 327.1	Salamanca.. 354.0	Badajoz.... 412.5	
	Valladolid.. 328.0	Alicante.... 354.6	Cáceres.... 413.7	
	Múrcia..... 330.2	Pontevedra. 356.3	Valéncia.... 415.2	
	Vizcaya..... 330.5	Lugo....... 358.9		
		Lérida...... 359.6		
		Málaga..... 361.6		
		Jaén....... 365.1		
		Tarragona.. 370.0		
		Córdoba.... 373.3		

Mortalité de 81 à 85 ans

Classement des provinces par catégories

Sexe féminin

Il faut remarquer que les provinces du versant Atlantique, et notamment l'ancienne Galice, qui présentaient ordinairement la mortalité minimum, sont très-meurtrières pour les femmes de 81 à 85 ans. La Coruña, en effet, appartient à la quatrième catégorie et les autres à la cinquième.

Les provinces appartenant aux mêmes catégories sont disséminées sans former de groupes bien distincts et il arrive souvent qu'une grande différence dans les moyennes sépare les provinces les plus limitrophes. Je citerai, par exemple, Búrgos qui a une mortalité moyenne de 284.7, tandis que Sória et Logroño, qui la bornent à l'est, ont la première 397.8 et la seconde 445.3. De même, en Andalousie, la province d'Almería, dont la moyenne est de 444.4, touche à l'ouest à la province de Granada qui n'a que 291.1 et à l'est à la province de Múrcia qui a 330.2.

C'est dans le bassin du Douro que la mortalité est la moins élevée et dans celui du Tage et du Guadiana qu'elle l'est le plus.

Sur 1,000 habitants âgés de 86 à 90 ans, combien de décès annuels (sexe masculin)?

1re CATÉGORIE de 200 à 289		2e CATÉGORIE de 290 à 379		3e CATÉGORIE de 380 à 469		4e CATÉGORIE de 470 à 560		5e CATÉGORIE —	
Lérida	200.0	Cáceres	304.3	Sevilla	383.4	Segóvia	500.0	Toledo	629.6
Zamora	220.0	Guadalajara.	325.0	Avila	384.6	Vizcaya	518.5	Sória	681.8
Canárias	248.4	Málaga	325.1	Córdoba	386.7	Madrid	560.9	Paléncia	?
Lugo	263.4	Ciudad-Real	326.5	Alava	388.8				
Orense	267.8	Coruña	327.6	Valéncia	393.7				
Valladolid ..	272.7	Zaragoza ...	328.5	Cuenca	396.8				
Oviedo	280.4	Múrcia	339.7	Salamanca ..	396.8				
Barcelona ..	282.9	Huelva	340.0	Badajoz	413.0				
Santander ..	285.7	Baleáres	340.4	Albacete	417.9				
		Cádiz	346.4	Almería	423.8				
		Alicante	350.0	Huesca	426.2				
		Navarra	360.0	Pontevedra .	435.8				
		Tarragona ..	367.3	Teruel	446.8				
		Granada	368.0	Castellon ...	454.5				
		Logroño	368.4	Jaén	467.5				
		Guipúzcoa ..	375.0	Búrgos	468.7				
		Leon	375.0						
		Gerona	376.0						

Mortalité de 86 à 90 ans

Classement des provinces par catégories

Sexe masculin

C'est dans la moitié méridionale de l'Espagne que la mortalité est la plus régulière. Toutes les provinces, en effet, appartiennent à la deuxième ou à la troisième catégorie. Dans la moitié septentrionale, il faut considérer trois groupes : l'un à l'ouest et comprenant les provinces de Lugo, Orense, Oviedo, Santander, Leon, Zamora et Valladolid, à mortalité minimum, puisque sur sept provinces qu'il contient six appartiennent à la première catégorie; l'autre situé au centre et formé des provinces de Vizcaya, Paléncia, Búrgos, Sória, Segóvia, Madrid et Toledo, à mortalité maximum, car sur sept provinces six appartiennent à la quatrième ou à la cinquième catégorie; enfin un groupe à mortalité moyenne contenant toutes les provinces situées dans le bassin de l'Èbre; en effet, sur onze provinces, deux appartiennent à la première catégorie, six à la deuxième et trois à la troisième.

Il est bon de remarquer, en passant, la différence considérable qui sépare les provinces limitrophes de Cáceres 304.3 et de Toledo 629.6; de Sória 681.8 et de Logroño 368.4, Zaragoza 328.5, Guadalajara 325.0; de Valladolid 272.7 et de Segóvia 500.

Sur 1,000 habitants de 86 à 90 ans, combien de décès annuels (sexe féminin)?

1re CATÉGORIE de 196 à 261		2e CATÉGORIE de 262 à 329		3e CATÉGORIE de 330 à 397		4e CATÉGORIE de 398 à 462		5e CATÉGORIE de 465 à 531	
Zamora....	194.8	Santander..	267.2	Burgos.....	337.3	Tarragona..	402.9	Cáceres....	465.7
Guadalajara.	203.7	Valladolid..	269.2	Múrcia.....	337.6	Almeria....	419.5	Alava......	478.2
Segovia....	218.7	Lérida.....	275.8	Valéncia....	431.5	Badajoz....	422.7	Teruel.....	500.0
Canárias....	239.6	Orense.....	278.8	Logroño....	348.8	Albacete....	425.9	Toledo.....	520.8
		Vizcaya.....	280.7	Cordoba....	349.7	Ciudad-Real	440.3	Paléncia....	531.2
		Baleáres....	285.7	Huesca.....	350.8	Madrid.....	447 0		
		Oviedo.....	287.5	Guipúzcoa..	353.4	Salamanca..	454.5		
		Navarra....	295.6	Sevilla.....	356.6				
		Cuenca.....	298.9	Castellon...	363.6				
		Málaga.....	308 5	Huelva.....	363.6				
		Coruña.....	310.0	Barcelona..	364.9				
		Cádiz......	312.2	Leon.......	372.5				
		Granada....	314.1	Pontevedra.	373.7				
		Avila.......	325.0	Alicante....	373.7				
		Zaragoza...	327.4	Sória.......	375.0				
		Lugo.......	329.7	Gerona.....	377.7				
				Jaén.......	397.0				

Mortalité de 86 à 90 ans

Classement des provinces par catégories

Sexe féminin

Les deuxième et troisième catégories contiennent environ les 2/3 du nombre total des provinces et l'autre tiers appartient presqu'entièrement aux deux dernières, car les provinces à faible mortalité sont l'exception.

A part Cuenca et Guadalajara, toutes les provinces des bassins du Tage et du Guadiana ont des moyennes excessivement élevées et variant de 422 à 520. Ailleurs, les provinces appartiennent aux catégories moyennes, excepté, toutefois, Salamanca, Paléncia et Alava dans le nord; Teruel et Tarragona dans l'est; Albacete et Almería dans le sud, qui figurent parmi les catégories à mortalité maximum.

Il faut remarquer que les provinces à mortalité minimum sont entourées de provinces à moyenne élevée; Zamora, en effet, dont la moyenne est de 194.8, est bornée au sud par Salamanca qui a 454.5; Guadalajara est placée entre Teruel et Madrid, dont les moyennes sont 500 et 447, tandis que la sienne n'est que de 203.7.

TABLEAU SYNOPTIQUE

DE LA MORTALITÉ DANS CHAQUE PROVINCE, A CHAQUE AGE ET POUR LES DEUX SEXES PRIS SÉPARÉMENT

Sur 1,000 habitants, combien de décès annuels du sexe et de l'âge correspondant?

PROVINCES		MOINS de 1 an	1 à 5 ans	6 à 10	11 à 15	16 à 20	21 à 25	26 à 30	31 à 40	41 à 50	51 à 60	61 à 70	71 à 80	81 à 85	86 à 90	91 à 95	96 et AU-DESS.
ALAVA	Masc.	259.1	69 5	9.8	5.6	7.5	16 »	7.1	8.5	19.6	26.6	58 »	151.1	385.5	388.8	500 »	?
	Fém..	211.6	69 »	10.4	5.7	7.5	17.8	9.6	10.9	15.8	24 »	62.6	152.3	343.4	478.2	375 »	66.6
ALBACETE	Masc.	186.5	89.7	9.1	5.1	7.8	11.9	8.9	12.2	22 »	38.3	66.2	163.2	298.5	417.9	294.1	714.2
	Fém..	272.4	85.7	9.4	5.5	9.3	14 »	10.1	14.9	21.4	35.2	66.9	155.6	395.6	425.9	714.2	285.7
ALICANTE	Masc.	336.8	77.2	10.6	5.7	7.2	9 »	8.6	12.4	19.1	31.7	70.9	175.4	374.7	350 »	414.6	178.5
	Fém..	243.2	69.9	10.1	5.8	6.9	9.5	10.1	13.2	16.7	26.8	58.8	153.4	354.6	373.7	358.4	195.1
ALMERIA	Masc.	347.8	76 »	8.7	5.3	7.5	12 »	9.6	14.1	23.6	39.7	82.8	209.5	363.2	423.8	833.3	363.6
	Fém..	305.3	77.5	8.5	4.8	6.6	9.4	9.7	12.5	17.4	28.0	71.6	198.2	444.4	419.5	714.3	225 »

NOTA. — Les résultats pour les âges au-dessus de 90 ans, ne sont donnés que sous toute réserve, ils m'ont même paru quelquefois tellement invraisemblables que j'ai dû me contenter de mettre à leur place un point d'interrogation (?)

Sur 1,000 habitants, combien de décès annuels du sexe et de l'âge correspondant?

(Suite)

PROVINCES		Moins de 1 an	1 à 5 ans	6 à 10	11 à 15	16 à 20	21 à 25	26 à 30	31 à 40	41 à 50	51 à 60	61 à 70	71 à 80	81 à 85	86 à 90	91 à 95	96 et au-dess.
Avila	Masc.	398.7	77.2	10.7	6.1	8.5	9.8	10.6	12.4	25.3	47.7	74.7	220.8	301.8	384.6	200 »	400 »
	Fém.	335 »	78.9	11.1	6 »	9.3	11.6	12.7	15.7	23.7	42.4	72.7	220.4	388.8	325 »	250 »	300 »
Badajoz	Masc.	340 5	89.1	11.4	7.4	8.5	9.7	9.4	11.3	24.4	38.1	77.9	215.6	415.9	413 »	444.4	222.2
	Fém.	298.3	87.9	12.2	6.9	7.9	11 »	10.4	12.3	21.7	29.7	66.3	176.9	412.5	422.7	400 »	187.5
Baleares	Masc.	213.4	55.4	7.6	4 »	6.3	7.4	11.7	13.5	15.3	25.8	49.0	121.6	286.7	340.4	538.4	428.5
	Fém.	186.4	53.4	8.4	4.5	6.7	9.1	10.9	14.3	17.3	23.6	45.6	104.4	278.6	285.7	446.1	307.6
Barcelona	Masc.	290.7	73.5	13 »	6 »	10.2	13.4	9 2	13.1	20.2	32.8	68.2	174.0	297.8	282.9	410.7	151.5
	Fém.	253.8	73.3	11.9	7.1	10 »	13.9	9 »	16.1	21.9	33.1	76.7	189.2	384.8	364.9	378.9	208.9
Burgos	Masc.	303.2	88.4	12 »	5.7	6.9	10.3	10.4	11.5	21.7	33.9	59.1	136.3	281.5	468.7	?	500 »
	Fém.	251.1	82.7	11.4	6.9	7.8	12.1	10.4	12.8	19.8	32.4	58.5	136.8	284.7	337.8	875 »	100 »
Caceres	Masc.	441.1	89.3	10.8	6 »	8.3	10.1	11.4	11.7	26.5	47.5	85.4	236.6	496 »	304.3	181.8	300 »
	Fém.	356.1	101.8	12.2	6.2	8.3	11.4	11.3	11.7	26.1	34.6	68.6	205.3	413.7	465.7	?	200 »
Cadiz	Masc.	363.3	81.9	9.8	6.8	8.9	13 »	11.6	13.6	24.4	36.6	78.4	183.6	294.1	346.4	428.5	333.3
	Fém.	307.5	75.9	9.7	5.6	8.9	12.7	10.9	12.2	22.1	23.3	62.7	161.5	338.6	312.2	576.9	218.1
Canarias	Masc.	207.7	35.7	6.7	4.4	6.4	8.6	6.3	7.4	14.3	21.2	48.3	106.8	229.2	248.4	285.7	307.6
	Fém.	288.8	38.1	7 »	5.6	5 »	6.5	5.9	8.4	12.7	18.7	47.9	112.0	250.6	239.6	461.5	333.3
Castellon	Masc.	291.5	82.4	13.7	6.3	7.2	11.8	9.3	13.0	22.3	35.2	85 »	218.6	404.6	454.5	285.7	142.8
	Fém.	255 »	77.1	13.4	6.4	7.1	11.4	9.8	14.3	18.6	31.2	82 »	298.0	333.3	363.6	818.1	333.3

Sur 1,000 habitants, combien de décès annuels du sexe et de l'âge correspondant?

(Suite)

PROVINCES		MOINS de 1 an	1 à 5 ans	6 à 10	11 à 15	16 à 20	21 à 25	26 à 30	31 à 40	41 à 50	51 à 60	61 à 70	71 à 80	81 à 85	86 à 90	91 à 95	95 et AU-DESS.
CIUDAD-REAL..	Masc.	443.3	80.2	8.2	5.5	8.2	17.8	9.5	11.6	23.4	48.3	67.2	205.2	314.8	326.5	875 »	333.3
	Fém..	318.8	73.9	8.3	5.6	9.4	18.3	10.2	11.3	19 »	33.9	54.0	175.8	352.2	440.3	416.6	352.9
CORDOBA......	Masc.	349.7	87.5	11.2	6.3	8.7	14.6	9.0	10.4	21.5	34.7	82.6	213.4	371.7	386.7	538.4	400 »
	Fém..	282.9	78.9	11.6	6.4	5.8	11.9	7.7	9.8	15.8	25.8	65.3	190 »	373.3	349.7	806.4	333.3
CORUNA.......	Masc.	235.4	41.1	8.9	4.6	7.2	11.5	9.4	11.1	17.6	27.6	63.4	168.4	289.4	327.6	513.5	280 »
	Fém..	192.5	38.7	8.2	5.1	5 »	5.8	5.9	9.1	13 »	22.7	60.4	177.2	381 »	310 »	584.9	277.7
CUENCA.......	Masc.	343.3	84.5	13.2	6.1	9.5	13.5	9.5	11.9	21.6	36.8	64.6	196.4	355.6	396.8	555.5	250 »
	Fém..	297.5	66.9	14 »	7.4	9 »	14.1	10.6	15.2	21.4	33.5	63 »	171.2	334.7	298.9	666.6	250 »
GERONA.......	Masc.	320.5	82.1	10.5	5.3	8.5	10.7	7.7	10.9	15.4	27.9	70.5	153.4	309.8	376 »	300 »	166.6
	Fém..	277.8	79.7	10.7	6.6	7 »	10.4	9.3	13 »	15.8	29.1	79.3	182.3	395.4	377.7	500 »	166.6
GRANADA	Masc.	319.1	90.3	12.5	5.6	8.3	12.3	9.7	12.3	23.2	39.1	75.3	209.3	349.3	368 »	?	285.7
	Fém..	291.6	86.6	12.6	6 »	8.3	11.7	9.6	12.7	19.6	31.5	70.9	183.8	201.1	314.1	694.4	333.3
GUADALAJARA .	Masc.	369.8	82.2	15.3	5.1	8.3	10.9	9.9	12.8	26.4	46.6	64 »	202.1	227.5	325 »	?	300 »
	Fém..	322.3	83 »	12.1	6.4	9.8	13.3	10.3	14.2	23.6	37.1	70.1	176.8	305.1	203.7	666.6	250 »
GUIPUZCOA....	Masc.	191.4	37.2	8 5	3.3	6.2	12.3	9.7	10.4	15.2	22.1	57.4	111.9	261.5	375 »	227.2	166.6
	Fém..	159.5	35.5	9.5	5.2	7.6	12.8	9.7	11.7	14.5	20 »	58.2	123.7	275.3	353.4	281.2	500 »
HUELVA.......	Masc.	277.6	56.4	9.5	7.3	8.8	12.4	11.2	13.4	26 »	37.5	80.8	223.6	308.8	340 »	?	250 »
	Fém..	234.4	54.9	9.5	7 »	7.3	10.6	9.2	12.6	18.8	26.5	62.4	184.6	327.1	363.6	875 »	375 »

Sur 1,000 habitants, combien de décès annuels du sexe et de l'âge correspondant?

(Suite)

PROVINCES		MOINS de 1 an	1 à 5 ans	6 à 10	11 à 15	1 à 20	21 à 25	26 à 30	31 à 40	41 à 50	51 à 60	61 à 70	71 à 80	81 à 85	86 à 90	91 à 95	96 et AU-DESS.
HUESCA.......	Masc.	293.2	87 »	17.2	6.9	9.1	12.6	11.7	13.4	25.1	34.2	81.3	217.6	299.5	426.2	833.3	100 »
	Fém..	173.7	87.2	14.7	7.4	7.2	11.9	11.8	15.8	23.6	33.4	92.1	223.2	351.8	350.8	538.4	111.1
JAÉN	Masc.	332.8	79.5	13.3	7.1	9.7	13.2	10.3	13.2	26.8	38.9	79.4	215.8	365.5	467.5	?	222.2
	Fém..	284.6	78.8	12.9	7.3	8.6	12.2	9.3	12.5	19.7	28.8	65.4	184.4	365.1	397 »	666.6	176.4
LEON	Masc.	308.9	71.8	14.3	8.1	8.1	12.1	10.4	13.1	23.4	46.5	74.9	197.6	318.8	375 »	?	500 »
	Fém..	302.5	65.4	13.1	8.3	8.4	9.9	9.7	13.8	23 »	39.4	77.9	217.0	316 »	372.5	538.4	333.3
LÉRIDA	Masc.	264.5	83.1	13.8	7.9	0.9	12.3	9.2	13.9	20 »	32.3	74 »	201.6	262.6	200 »	277.7	55.5
	Fém..	237.8	78.5	14.8	8.1	9.5	13 »	11.4	16.1	22.8	36.9	88.4	231.8	359.6	275.8	322.5	142.8
LOGRONO......	Masc.	350.8	81.6	13.8	5.1	8.4	12.1	10.4	12.1	24.4	41.6	88 »	200.9	407.7	368.4	?	200 »
	Fém..	283.2	94.4	13.7	7.7	7.2	11.2	9.2	12.8	19.3	32.5	70.4	204.4	445.3	348.8	285.7	300 »
LUGO	Masc.	185.1	31.8	8.8	4.9	5.9	9.2	8.7	9 »	15.5	26.4	54 »	160.8	311.6	263.1	317 »	176.4
	Fém..	171.5	31 »	8.2	4.7	5.1	6.7	6.2	10 »	15.8	25 »	67.5	185.5	358.9	329.7	?	214.2
MADRID.......	Masc.	422.5	115 »	20.2	7.1	12.9	10.6	12.6	16.9	33.4	53 »	91.6	196.9	426.2	560.9	937.5	222.2
	Fém..	346 »	110.4	17.5	9 »	12.7	16.6	14.3	17.1	28 »	42.2	75.8	182.3	297.3	447 »	488.8	235.2
MALAGA.......	Masc.	352.2	88.8	10.3	5.6	10 »	12.7	8.2	10.3	20.4	31.1	68.2	190.6	395.9	325.1	607.1	277.7
	Fém..	305.3	85.3	10.5	5.7	7.4	10.7	8.1	10.8	16.4	22.2	58.5	164.4	361.6	308.5	543.4	238.8
MURCIA.......	Masc.	340 »	70.9	8.6	3.5	7.9	11.3	9.2	13.2	20.9	40.4	69.5	160.1	305.2	339.7	280 »	200 »
	Fém..	291.6	70.4	8.8	5.8	7.8	9.6	10.1	14.5	17.7	28.9	61.2	148 »	330.2	337.6	555.5	363.6

Sur 1,000 habitants, combien de décès annuels du sexe et de l'âge correspondant?

(Suite)

PROVINCES		MOINS de 1 an	1 à 5 ans	6 à 10	11 à 15	16 à 20	21 à 25	26 à 30	31 à 40	41 à 50	51 à 60	61 à 70	71 à 80	81 à 85	86 à 90	91 à 95	96 et AU-DESS.
NAVARRA	Masc.	232.4	64 »	12.1	5.5	6.8	16 »	10.8	14.3	24.5	32.2	80.9	157.8	300.3	360 »	?	333.3
	Fém.	196.1	62.5	13.6	6.3	7.8	13.2	10.7	11.8	17.1	24.3	69.2	155.2	311.4	295.6	470.5	125 »
ORENSE	Masc.	252.5	51.7	9.5	5.5	6.6	9.4	9.8	11 »	17.9	32.3	70.8	200.0	312.2	267.8	382.3	90.9
	Fém.	195.3	45.3	9.8	7.1	6.6	7.2	7.4	12.1	19.0	30.5	91.3	238 »	346.3	278.8	526.3	166.6
OVIEDO	Masc.	154.5	26.3	8.6	4.5	8.1	11.2	9.3	9.3	15.8	25.4	46.1	132.2	267.1	280.4	642.8	208.3
	Fém.	139.4	23.7	8.2	5.1	5.5	6.5	6.6	9.3	13.8	22.9	47.4	139.9	303.1	287.5	719.2	204.5
PALÉNCIA	Masc.	294.7	95.8	23.9	15 »	16.8	21.9	17.9	13.9	25.8	52.8	62.7	160.2	330.9	?	?	?
	Fém.	270.9	90.5	26.3	13.8	15.3	18.9	15.3	15.9	23.2	45.4	61 »	185.8	325.9	531.2	111.1	?
PONTEVEDRA	Masc.	173.7	23.9	8 »	5.9	8.4	10.8	9 3	11.5	16.5	23.6	44.6	145.0	283.8	435.8	?	750 »
	Fém.	152.1	24.4	7.5	6.1	5.4	6.6	6 »	9.4	14 »	21.9	50.3	141.4	356.3	373.7	?	361.1
SALAMANCA	Masc.	289.3	74.1	11.5	6.6	7.3	11 »	10.7	11.4	22.8	42.2	64.6	217.6	340.5	396.8	?	166.6
	Fém.	247.8	73.2	13.6	6.9	8.4	10.8	11.5	12.5	21.7	34.4	61.2	183.4	354 »	454.5	?	142.8
SANTANDER	Masc.	241.2	55.1	13.9	8.4	10.4	13.9	9.4	13.6	19.8	31.7	53.7	117.6	242.8	285.7	571.4	338.3
	Fém.	194.9	52.9	14.4	7.2	7.1	9.1	8.2	13.4	18.8	26 »	54.2	122.3	261.8	267.2	333.3	454.5
SEGOVIA	Masc.	326.4	75.1	14.2	6.7	8.8	12.5	12.8	13.8	25 »	58.6	72.9	205.2	364.8	500 »	?	400 »
	Fém.	342.9	77.9	11.8	7.8	8.5	12.1	14.4	15.4	25.2	50.9	73 »	209.1	313.9	218.7	400 »	400 »
SEVILLA	Masc.	325.9	80.3	10.9	5 »	7.9	13.2	8.6	11.1	20.9	30.9	73.3	220.7	358 »	383.4	791 6	307.6
	Fém.	282.3	73.9	10.4	5.7	7.7	12.1	9.6	10.9	16.3	23.4	64.1	185.2	377.5	336.6	535.7	466.6

Sur 1,000 habitants, combien de décès annuels du sexe et de l'âge correspondant?

(Suite)

PROVINCES		MOINS de 1 an	1 à 5 ans	6 à 10	11 à 15	16 à 20	21 à 25	26 à 30	31 à 40	41 à 50	51 à 60	61 à 70	71 à 80	81 à 85	86 à 90	91 à 95	96 et au-dess.
SORIA	Masc.	404.7	69.3	11.2	5.1	7.2	10 »	10.2	11.2	22.5	44.5	65.8	165.7	393.2	681.8	?	400 »
	Fém.	317.4	65.4	11.5	5.9	7.8	11.7	11.7	14.5	20.1	34.6	57.4	180 »	397.8	375 »	666.6	100 »
TARRAGONA	Masc.	252.1	72.8	10.9	6.3	8 »	10.6	6.5	10.8	19.1	28.7	66.6	162.7	326 »	367.3	650 »	111.1
	Fém.	228.6	71.4	12.7	6.9	7.3	10.5	9 »	12.3	18.1	26.6	66.8	179.4	370 »	402.9	485.7	136.8
TERUEL	Masc.	337.8	87.8	12.6	8.5	8.7	11.1	9.5	12.4	24.9	33 »	73 »	213.6	380.3	446.8	600 »	?
	Fém.	276.9	84.5	11.2	7.7	8.5	12.5	10.3	14.2	21.9	31.4	75.1	189.2	379.7	500 »	?	80 »
TOLEDO	Masc.	373.8	79.1	13.7	6.9	8.5	10.7	9.8	11.1	23.2	41.8	63.9	213.1	376 »	629.6	375 »	600 »
	Fém.	330.5	73 »	13.3	7.9	9.2	12.6	12.3	14.1	22.4	35.2	53.4	182.8	352.2	520.8	428.5	166.6
VALÈNCIA	Masc.	325.6	87.6	13.8	6.6	9.1	14.5	12.1	17.6	28.8	41.8	86.3	207.3	368.6	393.7	380.9	363.6
	Fém.	272 »	86 »	14 »	6.9	9.4	15.5	13.2	19.6	24.8	33.9	75.5	183.2	415.2	341.5	473.6	375 »
VALLADOLID	Masc.	342.7	92.7	12.6	7.3	9 »	18.3	13.4	16.6	32.5	63.6	65.7	225.6	387 »	272.7	500 »	80 »
	Fém.	294.9	90.1	12.3	7.9	10.1	13.7	15.1	18 »	29.1	51.0	63.3	179.4	328 »	269.2	714.2	285.7
VIZCAYA	Masc.	192.4	45.7	6.5	5.3	9.2	15.9	10.1	11.2	18 »	25.6	56.2	134.9	301.9	518.5	428.5	250 »
	Fém.	153.1	45.9	11.9	6.2	6.6	9.5	8 »	10.3	15.1	21.2	61.6	135.2	330.5	280.7	500 »	600 »
ZAMORA	Masc.	331.8	77.7	13.6	8.1	10 »	15.2	10.1	15 »	30.8	52.4	77.3	221 »	248.6	220 »	166.6	100 »
	Fém.	278.5	75.2	13.9	9.8	9.8	12.5	12.8	15.7	25.5	45.1	76.8	205.2	254.9	194.8	333.3	800 »
ZARAGOZA	Masc.	369.6	93.5	16.7	9.2	10.3	16.9	12.5	16.3	30.2	43.9	81.8	211 »	234.7	328.5	416.6	85.7
	Fém.	323.3	89.9	16.2	8.3	9.1	13.2	12 »	16.9	26.0	36.7	79.4	203.6	326.7	327.4	363.6	555.5

CONCLUSIONS

Le lecteur qui aura parcouru avec soin les nombreux tableaux qui précèdent, sera, je crois, intimement convaincu de l'importance de l'étude des mouvements de la population et de sa fécondité en renseignements précieux pour tous.

Les chiffres ont leur éloquence, a-t-on dit; si quelqu'un, en effet, se fût avisé de prétendre qu'on mourrait proportionnellement plus dans telle province que dans telle autre, on ne l'aurait probablement pas cru. Mais, lorsque les chiffres sont là, lorsqu'on a sous les yeux ce qui s'est passé pendant une année, deux années, cinq années, et qu'on voit les mêmes faits se reproduire constamment, il n'y a plus à douter, il faut croire. Il n'y avait donc que la statistique qui pût donner à un homme l'autorité nécessaire pour réclamer contre ce cruel tribut payé prématurément à la mort.

J'ai montré que la mortalité était très-grande à tous les âges et que l'enfance était particulièrement frappée dans une proportion véritablement effrayante; je veux revenir encore sur certains points, sur lesquels il est indispensable d'appeler l'attention publique.

Il y a des provinces qui, sur 100 enfants, en perdent 44 avant qu'ils aient atteint l'âge de un an; tandis que d'autres n'en voient mourir que 15. Est-ce l'effet du hasard; ce fait est-il dû à une épidémie passagère? Non, pendant les cinq années que j'ai observées il en a toujours été ainsi et il est fort probable que cet état de chose dure depuis longtemps. Voilà donc un enfant qui a trois fois plus de chance de mourir s'il naît dans la province de Cáceres ou de Madrid que s'il vient au monde en Galicie ou dans les Asturies.

Il doit y avoir des causes locales, des conditions de milieux désavantageuses, qu'il faut connaître afin de faire disparaître ces terribles anomalies.

J'ai déjà dit que près de la moitié des enfants mourait avant l'âge de 10 ans, j'ajouterai que sur les 517,000 décès qui ont lieu en moyenne chaque année, on en compte plus de 351,000 avant l'âge de 40 ans. C'est-à-dire à cette époque de la vie où l'homme est en pleine possession de ses forces physiques et intellectuelles, où il pourrait faire valoir, avec plus de fruit que jamais, les ressources qu'il a si péniblement amassées dans les premières années de sa vie active. C'est là une perte annuelle de plusieurs millions de francs pour la nation.

J'ajouterai, enfin, que dans quelques provinces, Valladolid, Madrid, Paléncia, Zamora, Zaragoza, Guadalajara, le nombre des décès l'emporte sur celui des naissances. Croit-on que les choses soient bien ainsi, ou que nous soyons condamnés à assister à la dépopulation de ces provinces sans pouvoir rien faire pour l'arrêter?

S'il est vrai que nous mourrons tous, il est vrai aussi que nous pouvons retarder le moment fatal. Je voudrais donc voir à l'ordre du jour l'œuvre que je ne craindrai pas de nommer de la régénération de cette race espagnole si féconde et si forte, qu'il a suffi d'une poignée d'aventuriers pour peupler tout un monde.

C'est par les petits enfants qu'il faut commencer et rien ne serait plus facile que d'organiser des sociétés protectrices de l'enfance. Il n'y a pas, en effet, de pays où la charité soit plus instinctive, plus large, qu'en Espagne, et je suis persuadé que si elle était mieux éclairée et mieux dirigée, elle porterait des fruits immenses.

Il faudrait aussi qu'une commission spéciale, composée de statisticiens et de médecins, fût chargée du soin de tenir, avec plus d'exactitude qu'on ne le fait aujourd'hui, le grand livre de la vie et de la mort ; de rechercher les lieux où la mortalité est la plus grande, les causes qui l'ont produite et les moyens de l'atténuer ; de faire des enquêtes scientifiques sur les conditions dans lesquelles se trouve l'assistance publique dans les provinces où la mortalité est la plus élevée ; de s'entendre avec les sociétés locales de bienfaisance pour les améliorations à réaliser, etc., etc.

J'espère qu'il aura suffi d'appeler l'attention sur ces faits pour que le Gouvernement, prenant en main une question qui intéresse de si près la nation toute entière, prescrive les mesures nécessaires pour diminuer, dans les limites du possible, l'effrayante mortalité qui pèse sur tous les âges.

Tel est mon plus grand désir et je ne regretterai pas mon long et pénible labeur si j'ai contribué, pour une part si faible qu'elle soit, à disputer à la mort et conserver à l'Espagne des existences qui lui sont si chères et dont elle a tant besoin.

Imprimerie A. DERENNE, Mayenne. — Paris, boulevard Saint-Michel, 52

www.ingramcontent.com/pod-product-compliance
Ingram Content Group UK Ltd.
Pitfield, Milton Keynes, MK11 3LW, UK
UKHW020230220726
13923UKWH00002B/591

9 782019 659998